行列式

矩阵

专项突破小练 /092

行列式

知识点指引

(一)行列式的性质

1.行列式的行与列互换,行列式的值不变.

2.行列式的两行(或列)对换,行列式的值变号.

3.行列式中某一行(或列)有公因子 k,可把 k 提到行列式的外面.

4.若行列式某一行(或列)元素皆为两数之和,则其行列式等于两个行列式之和,即

$$\begin{vmatrix} a_{11} & a_{12} & \cdots & a_{1n} \\ \vdots & \vdots & & \vdots \\ a_{i1}+b_{i1} & a_{i2}+b_{i2} & \cdots & a_{in}+b_{in} \\ \vdots & \vdots & & \vdots \\ a_{n1} & a_{n2} & \cdots & a_{nn} \end{vmatrix} = \begin{vmatrix} a_{11} & a_{12} & \cdots & a_{1n} \\ \vdots & \vdots & & \vdots \\ a_{i1} & a_{i2} & \cdots & a_{in} \\ \vdots & \vdots & & \vdots \\ a_{n1} & a_{n2} & \cdots & a_{nn} \end{vmatrix} + \begin{vmatrix} a_{11} & a_{12} & \cdots & a_{1n} \\ \vdots & \vdots & & \vdots \\ b_{i1} & b_{i2} & \cdots & b_{in} \\ \vdots & \vdots & & \vdots \\ a_{n1} & a_{n2} & \cdots & a_{nn} \end{vmatrix}.$$

5.在行列式中,某行(或列)的 k 倍加到另一行(或列)上,行列式的值不变.

(二)行列式的展开定理

1.按行(或列)展开定理

行列式某一行(或列)的元素乘该行(或列)对应元素的代数余子式之和等于行列式的值,即

$$D=a_{i1}A_{i1}+a_{i2}A_{i2}+\cdots+a_{in}A_{in},i=1,2,\cdots,n,$$

或

$$D=a_{1j}A_{1j}+a_{2j}A_{2j}+\cdots+a_{nj}A_{nj},j=1,2,\cdots,n.$$

其中 $A_{ij}=(-1)^{i+j}M_{ij}$,M_{ij} 是元素 a_{ij} 的余子式,A_{ij} 是元素 a_{ij} 的代数余子式.

2.推论

行列式某一行(或列)的元素乘另一行(或列)对应元素的代数余子式之和等于零,即

$$a_{i1}A_{j1}+a_{i2}A_{j2}+\cdots+a_{in}A_{jn}=0,i\neq j,$$

或

$$a_{1i}A_{1j}+a_{2i}A_{2j}+\cdots+a_{ni}A_{nj}=0,i\neq j.$$

(三)行列式的重要公式

1.关于主对角线的上(下)三角行列式和对角行列式

$$\begin{vmatrix} a_{11} & a_{12} & \cdots & a_{1n} \\ 0 & a_{22} & \cdots & a_{2n} \\ \vdots & \vdots & & \vdots \\ 0 & 0 & \cdots & a_{nn} \end{vmatrix} = \begin{vmatrix} a_{11} & 0 & \cdots & 0 \\ a_{21} & a_{22} & \cdots & 0 \\ \vdots & \vdots & & \vdots \\ a_{n1} & a_{n2} & \cdots & a_{nn} \end{vmatrix} = \begin{vmatrix} a_{11} & 0 & \cdots & 0 \\ 0 & a_{22} & \cdots & 0 \\ \vdots & \vdots & & \vdots \\ 0 & 0 & \cdots & a_{nn} \end{vmatrix} = a_{11}a_{22}\cdots a_{nn}.$$

2.关于副对角线的上(下)三角行列式和对角行列式

$$\begin{vmatrix} a_{11} & a_{12} & \cdots & a_{1n} \\ a_{21} & a_{22} & \cdots & 0 \\ \vdots & \vdots & & \vdots \\ a_{n1} & 0 & \cdots & 0 \end{vmatrix} = \begin{vmatrix} 0 & \cdots & 0 & a_{1n} \\ 0 & \cdots & a_{2,n-1} & a_{2n} \\ \vdots & & \vdots & \vdots \\ a_{n1} & \cdots & a_{n,n-1} & a_{nn} \end{vmatrix} = \begin{vmatrix} 0 & \cdots & 0 & a_{1n} \\ 0 & \cdots & a_{2,n-1} & 0 \\ \vdots & & \vdots & \vdots \\ a_{n1} & \cdots & 0 & 0 \end{vmatrix}$$

$$= (-1)^{\frac{n(n-1)}{2}} a_{1n}a_{2,n-1}\cdots a_{n1}.$$

3.范德蒙行列式

$$\begin{vmatrix} 1 & 1 & 1 & \cdots & 1 \\ x_1 & x_2 & x_3 & \cdots & x_n \\ x_1^2 & x_2^2 & x_3^2 & \cdots & x_n^2 \\ \vdots & \vdots & \vdots & & \vdots \\ x_1^{n-1} & x_2^{n-1} & x_3^{n-1} & \cdots & x_n^{n-1} \end{vmatrix} = \begin{vmatrix} 1 & x_1 & x_1^2 & \cdots & x_1^{n-1} \\ 1 & x_2 & x_2^2 & \cdots & x_2^{n-1} \\ 1 & x_3 & x_3^2 & \cdots & x_3^{n-1} \\ \vdots & \vdots & \vdots & & \vdots \\ 1 & x_n & x_n^2 & \cdots & x_n^{n-1} \end{vmatrix}$$

$$= (x_2 - x_1)(x_3 - x_1)\cdots(x_n - x_1)(x_3 - x_2)\cdots(x_n - x_2)\cdots(x_n - x_{n-1})$$

$$= \prod_{1 \leqslant j < i \leqslant n} (x_i - x_j).$$

4.分块行列式

$$\begin{vmatrix} \boldsymbol{A}_m & \boldsymbol{O} \\ \boldsymbol{O} & \boldsymbol{B}_n \end{vmatrix} = \begin{vmatrix} \boldsymbol{A}_m & \boldsymbol{O} \\ \boldsymbol{C} & \boldsymbol{B}_n \end{vmatrix} = \begin{vmatrix} \boldsymbol{A}_m & \boldsymbol{C} \\ \boldsymbol{O} & \boldsymbol{B}_n \end{vmatrix} = |\boldsymbol{A}_m||\boldsymbol{B}_n|.$$

$$\begin{vmatrix} \boldsymbol{O} & \boldsymbol{A}_m \\ \boldsymbol{B}_n & \boldsymbol{O} \end{vmatrix} = \begin{vmatrix} \boldsymbol{C} & \boldsymbol{A}_m \\ \boldsymbol{B}_n & \boldsymbol{O} \end{vmatrix} = \begin{vmatrix} \boldsymbol{O} & \boldsymbol{A}_m \\ \boldsymbol{B}_n & \boldsymbol{C} \end{vmatrix} = (-1)^{mn} |\boldsymbol{A}_m||\boldsymbol{B}_n|.$$

5.方阵的行列式

(1) $\boldsymbol{A}$ 为 n 阶方阵,则 $|\boldsymbol{A}^{\mathrm{T}}| = |\boldsymbol{A}|$.

(2) $\boldsymbol{A}$ 为 n 阶方阵,k 为任意数,则 $|k\boldsymbol{A}| = k^n |\boldsymbol{A}|$.

(3) $\boldsymbol{A},\boldsymbol{B}$ 为 n 阶方阵,则 $|\boldsymbol{AB}| = |\boldsymbol{A}||\boldsymbol{B}|$.

(4) $\boldsymbol{A}$ 为 n 阶可逆矩阵,则 $|\boldsymbol{A}^*| = |\boldsymbol{A}|^{n-1}$.

(5) $\boldsymbol{A}$ 为 n 阶可逆矩阵,则 $|\boldsymbol{A}^{-1}| = |\boldsymbol{A}|^{-1}$.

(6) $\boldsymbol{A}$ 为 n 阶可逆矩阵 $\Leftrightarrow |\boldsymbol{A}| \neq 0 \Leftrightarrow R(\boldsymbol{A}) = n$.

$\boldsymbol{A}$ 为 n 阶不可逆矩阵 $\Leftrightarrow |\boldsymbol{A}| = 0 \Leftrightarrow R(\boldsymbol{A}) < n$.

(7) 设 n 阶矩阵 $\boldsymbol{A} = (a_{ij})_{n\times n}$ 的 n 个特征值为 $\lambda_1,\cdots,\lambda_n$,则 $|\boldsymbol{A}| = \prod_{i=1}^{n} \lambda_i$.

(8) 设 n 阶矩阵 $\boldsymbol{A},\boldsymbol{B}$ 相似,则 $|\boldsymbol{A}| = |\boldsymbol{B}|$,$|f(\boldsymbol{A})| = |f(\boldsymbol{B})|$.

四 | 进阶专项题

题型1 行列式的定义与性质

一阶溯源

例1 在六阶行列式展开中的一项 $a_{23}a_{31}a_{42}a_{56}a_{14}a_{65}$，所带符号为________(正号或负号).

【答案】正号

线索

说明行列式某一项的符号一般有三种方式:

(1) 行标由小到大排列,计算列标的逆序数,偶排列取正号,奇排列取负号;

(2) 列标由小到大排列,计算行标的逆序数,偶排列取正号,奇排列取负号;

(3) 计算行标的逆序数与列标的逆序数之和,和为偶数取正号,和为奇数取负号.

一般常用(1) 的方法.

【解析】**方法一**:将 $a_{23}a_{31}a_{42}a_{56}a_{14}a_{65}$ 按行标由小到大排列 $a_{14}a_{23}a_{31}a_{42}a_{56}a_{65}$，列标的逆序数 $\tau(431265)=0+1+2+2+0+1=6$ 知为偶排列,符号取正号.

方法二:将 $a_{23}a_{31}a_{42}a_{56}a_{14}a_{65}$ 按列标由小到大排列 $a_{31}a_{42}a_{23}a_{14}a_{65}a_{56}$，列标的逆序数 $\tau(342165)=0+0+2+3+0+1=6$ 知为偶排列,符号取正号.

方法三:行标的逆序数与列标的逆序数之和 $\tau(234516)+\tau(312645)=(0+0+0+0+4+0)+(0+1+1+0+1+1)=8$ 为偶数,符号取正号.

例2 计算 $\begin{vmatrix} a^2 & ab & b^2 \\ 2a & a+b & 2b \\ 1 & 1 & 1 \end{vmatrix}$.

线索

计算低阶非特殊结构的行列式,一般用行列式的性质化为上三角行列式.

【解】

$$\begin{vmatrix} a^2 & ab & b^2 \\ 2a & a+b & 2b \\ 1 & 1 & 1 \end{vmatrix} \xlongequal{r_1 \leftrightarrow r_3} -\begin{vmatrix} 1 & 1 & 1 \\ 2a & a+b & 2b \\ a^2 & ab & b^2 \end{vmatrix}$$

$$\xlongequal[r_3+r_1\cdot(-a^2)]{r_2+r_1\cdot(-2a)} -\begin{vmatrix} 1 & 1 & 1 \\ 0 & b-a & 2(b-a) \\ 0 & a(b-a) & (b-a)(b+a) \end{vmatrix}$$

$$=-(b-a)^2\begin{vmatrix} 1 & 1 & 1 \\ 0 & 1 & 2 \\ 0 & a & b+a \end{vmatrix}$$

$$\xlongequal{r_3+r_2\cdot(-a)} -(b-a)^2\begin{vmatrix} 1 & 1 & 1 \\ 0 & 1 & 2 \\ 0 & 0 & b-a \end{vmatrix}=(a-b)^3.$$

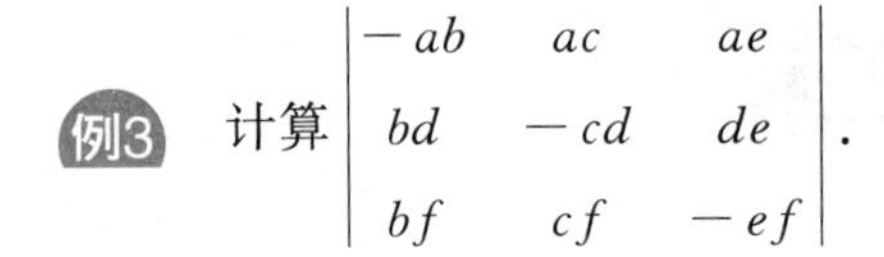

例3 计算$\begin{vmatrix} -ab & ac & ae \\ bd & -cd & de \\ bf & cf & -ef \end{vmatrix}$.

> **线索**
> 行或列有公因式的行列式计算，逐行或逐列提取公因式（注意提取公因式的个数）.

【解】第1,2,3行依次提取a,d,f；第1,2,3列依次提取b,c,e.

$$\text{原式}=adf\begin{vmatrix} -b & c & e \\ b & -c & e \\ b & c & -e \end{vmatrix}=abcdef\begin{vmatrix} -1 & 1 & 1 \\ 1 & -1 & 1 \\ 1 & 1 & -1 \end{vmatrix}$$

$$=abcdef(-1+1+1)(-1-1)^2=4abcdef.$$

二阶提炼

例4 下列n阶行列式中，其值必为-1的是(　　).

(A) $\begin{vmatrix} & & & 1 \\ & & 1 & \\ & ⋰ & & \\ 1 & & & \\ 1 & & & \end{vmatrix}$

(B) $\begin{vmatrix} 1 & 1 & & & \\ & 1 & 1 & & \\ & & \ddots & \ddots & \\ & & & 1 & 1 \\ 1 & & & & 1 \end{vmatrix}$

(C) $\begin{vmatrix} 0 & 0 & \cdots & 0 & 1 \\ 1 & 0 & \cdots & 0 & 0 \\ 0 & 1 & \cdots & 0 & 0 \\ \vdots & \vdots & & \vdots & \vdots \\ 0 & 0 & \cdots & 0 & 0 \\ 0 & 0 & \cdots & 1 & 0 \end{vmatrix}$

(D) $\begin{vmatrix} 0 & 0 & \cdots & 0 & 1 \\ 0 & 1 & \cdots & 0 & 0 \\ \vdots & \vdots & & \vdots & \vdots \\ 0 & 0 & \cdots & 1 & 0 \\ 1 & 0 & \cdots & 0 & 0 \end{vmatrix}$

【答案】(D)

【解析】选项(A)，利用行列式的定义可得$\begin{vmatrix} & & & 1 \\ & & 1 & \\ & ⋰ & & \\ 1 & & & \\ 1 & & & \end{vmatrix}=(-1)^{\frac{n(n-1)}{2}}$，故(A)不选；

选项(B)，按第1列展开得特殊行列式，有$\begin{vmatrix} 1 & 1 & & & \\ & 1 & 1 & & \\ & & \ddots & \ddots & \\ & & & 1 & 1 \\ 1 & & & & 1 \end{vmatrix}=1+(-1)^{n+1}$，故(B)不选；

选项(C),利用行列式定义$\begin{vmatrix} 0 & 0 & \cdots & 0 & 1 \\ 1 & 0 & \cdots & 0 & 0 \\ 0 & 1 & \cdots & 0 & 0 \\ \vdots & \vdots & & \vdots & \vdots \\ 0 & 0 & \cdots & 0 & 0 \\ 0 & 0 & \cdots & 1 & 0 \end{vmatrix}=(-1)^{n-1}$,故(C)不选;

选项(D),先按第1列展开,再按最后1列展开可得$\begin{vmatrix} 0 & 0 & \cdots & 0 & 1 \\ 0 & 1 & \cdots & 0 & 0 \\ \vdots & \vdots & & \vdots & \vdots \\ 0 & 0 & \cdots & 1 & 0 \\ 1 & 0 & \cdots & 0 & 0 \end{vmatrix}=(-1)^{n+1}\cdot$ $(-1)^{1+n-1}=-1$.

故选(D).

小结

n阶行列式的计算可以利用行列式定义或按行按列展开化为特殊行列式进行计算.

例5 设$f(x)=\begin{vmatrix} x+2 & -1 & 2 \\ 3 & 2x-1 & 1-x \\ 0 & -1 & 3x \end{vmatrix}$,则$x^2$的系数为________.

【答案】8

【解析】含x^2一共有两项,分别为$a_{11}a_{22}a_{33}=3x(x+2)(2x-1)$,符号为正,及$a_{11}a_{23}a_{32}=(-1)(1-x)(x+2)$,符号取负.于是$x^2$的系数为$9-1=8$.

小结

行列式的每一项来自于不同行不同列的元素的乘积,符号由排列的逆序数决定.

例6 计算$\begin{vmatrix} a & b & c \\ a^2 & b^2 & c^2 \\ b+c & c+a & a+b \end{vmatrix}$.

【解】原式$\xlongequal{r_3+r_1}(a+b+c)\begin{vmatrix} a & b & c \\ a^2 & b^2 & c^2 \\ 1 & 1 & 1 \end{vmatrix}=(a+b+c)\begin{vmatrix} 1 & 1 & 1 \\ a & b & c \\ a^2 & b^2 & c^2 \end{vmatrix}$

$=(a+b+c)(b-a)(c-a)(c-b)$.

小结

行列式中有幂次方的结构,优先考虑范德蒙行列式.

例7 计算$\begin{vmatrix} 1 & 2 & 4 & 8 \\ 8 & 1 & 2 & 4 \\ 4 & 8 & 1 & 2 \\ 2 & 4 & 8 & 1 \end{vmatrix}$.

【解】第 2 行的(−2) 倍加到第 1 行，第 3 行的(−2) 倍加到第 2 行，第 4 行的(−1) 倍加到第 3 行，依次化简得

$$\begin{vmatrix} -15 & 0 & 0 & 0 \\ 0 & -15 & 0 & 0 \\ 0 & 0 & -15 & 0 \\ 2 & 4 & 8 & 1 \end{vmatrix} = -15^3.$$

小结

主对角线上方存在对应成比例的关系，按行或列转化为上、下三角行列式.

例8 证明$\begin{vmatrix} b_1+c_1 & c_1+a_1 & a_1+b_1 \\ b_2+c_2 & c_2+a_2 & a_2+b_2 \\ b_3+c_3 & c_3+a_3 & a_3+b_3 \end{vmatrix} = 2\begin{vmatrix} a_1 & b_1 & c_1 \\ a_2 & b_2 & c_2 \\ a_3 & b_3 & c_3 \end{vmatrix}$.

【证明】$\begin{vmatrix} b_1+c_1 & c_1+a_1 & a_1+b_1 \\ b_2+c_2 & c_2+a_2 & a_2+b_2 \\ b_3+c_3 & c_3+a_3 & a_3+b_3 \end{vmatrix} \xlongequal[c_1+c_3]{c_1+c_2} \begin{vmatrix} 2(a_1+b_1+c_1) & c_1+a_1 & a_1+b_1 \\ 2(a_2+b_2+c_2) & c_2+a_2 & a_2+b_2 \\ 2(a_3+b_3+c_3) & c_3+a_3 & a_3+b_3 \end{vmatrix}$

$$= 2\begin{vmatrix} a_1+b_1+c_1 & c_1+a_1 & a_1+b_1 \\ a_2+b_2+c_2 & c_2+a_2 & a_2+b_2 \\ a_3+b_3+c_3 & c_3+a_3 & a_3+b_3 \end{vmatrix} \xlongequal[c_3-c_1]{c_2-c_1} 2\begin{vmatrix} a_1+b_1+c_1 & -b_1 & -c_1 \\ a_2+b_2+c_2 & -b_2 & -c_2 \\ a_3+b_3+c_3 & -b_3 & -c_3 \end{vmatrix}$$

$$\xlongequal[c_1+c_3]{c_1+c_2} 2\begin{vmatrix} a_1 & -b_1 & -c_1 \\ a_2 & -b_2 & -c_2 \\ a_3 & -b_3 & -c_3 \end{vmatrix} = 2\begin{vmatrix} a_1 & b_1 & c_1 \\ a_2 & b_2 & c_2 \\ a_3 & b_3 & c_3 \end{vmatrix}.$$

小结

计算行列式之前一定要先观察行(列)之间的关系，再利用行列式的性质进行计算.

例9 计算行列式$\begin{vmatrix} 1+x & 1 & 1 & 1 \\ 1 & 1-x & 1 & 1 \\ 1 & 1 & 1+y & 1 \\ 1 & 1 & 1 & 1-y \end{vmatrix}$=________.

【答案】$-x^2y^2$

【解析】$\begin{vmatrix} 1+x & 1 & 1 & 1 \\ 1 & 1-x & 1 & 1 \\ 1 & 1 & 1+y & 1 \\ 1 & 1 & 1 & 1-y \end{vmatrix} \xlongequal[r_3-r_1 \\ r_4-r_1]{r_2-r_1} \begin{vmatrix} 1+x & 1 & 1 & 1 \\ -x & -x & 0 & 0 \\ -x & 0 & y & 0 \\ -x & 0 & 0 & -y \end{vmatrix}$

$$\xlongequal{c_1-c_2} \begin{vmatrix} x & 1 & 1 & 1 \\ 0 & -x & 0 & 0 \\ -x & 0 & y & 0 \\ -x & 0 & 0 & -y \end{vmatrix} \xlongequal[r_4+r_1]{r_3+r_1} \begin{vmatrix} x & 1 & 1 & 1 \\ 0 & -x & 0 & 0 \\ 0 & 1 & y+1 & 1 \\ 0 & 1 & 1 & 1-y \end{vmatrix} = x \begin{vmatrix} -x & 0 & 0 \\ 1 & y+1 & 1 \\ 1 & 1 & 1-y \end{vmatrix}$$

$$= -x^2 \begin{vmatrix} y+1 & 1 \\ 1 & 1-y \end{vmatrix} = -x^2[(y+1)(1-y)-1] = -x^2(1-y^2-1) = x^2y^2.$$

小结

行列式计算时要观察行与列的特征，尽可能多的出现零或向特殊行列式上转化或按行（列）展开进行计算.

例10 设 $\boldsymbol{A}$ 为 n 阶矩阵，则行列式 $|\boldsymbol{A}|=0$ 的必要条件是（　　）.

(A)$\boldsymbol{A}$ 的两行元素对应成比例

(B)$\boldsymbol{A}$ 中必有一行为其余各行的线性组合

(C)$\boldsymbol{A}$ 中有一列元素全为 0

(D)$\boldsymbol{A}$ 中任一列均为其余各列的线性组合

【答案】(B)

【解析】(A)、(C)、(D) 为充分条件. 对选项(B)，$|\boldsymbol{A}|=0$ 说明 $\boldsymbol{A}$ 的行向量组线性相关，$\boldsymbol{A}$ 的列向量组也线性相关，问题转化为如果一个向量组线性相关，向量组中至少有一个向量是其他各向量的线性组合.

故选(B).

小结

行列式为零与向量组之间的关系，即行列式为零，行(列) 向量组必线性相关，则至少有一个向量可由其余向量线性表示.

例11 已知 3 阶矩阵 $\boldsymbol{A}$ 的特征值为 $1,2,-3$，求 $|\boldsymbol{A}^*+3\boldsymbol{A}+2\boldsymbol{E}|$.

【解】由 $|\boldsymbol{A}|=1\times 2\times(-3)=-6$，则 $\boldsymbol{A}^*$ 的特征值为 $\frac{-6}{1},\frac{-6}{2},\frac{-6}{-3}$，即为 $-6,-3,2$；$3\boldsymbol{A}$ 的特征值为 $3\times 1, 3\times 2, 3\times(-3)$，即为 $3,6,-9$.

故 $\boldsymbol{A}^*+3\boldsymbol{A}+2\boldsymbol{E}$ 的特征值为 $-6+3+2=-1$，$-3+6+2=5$，$2-9+2=-5$，即

$$|\boldsymbol{A}^*+3\boldsymbol{A}+2\boldsymbol{E}|=-1\times 5\times(-5)=25.$$

小结

考查特征值的性质，行列式等于所有特征值的乘积，在 $\boldsymbol{A}$ 可逆时，$\boldsymbol{A}^*$ 的特征值为 $\frac{|\boldsymbol{A}|}{\lambda_A}$，$\boldsymbol{A}^*+3\boldsymbol{A}+2\boldsymbol{E}$ 的特征值为三部分对应特征值的和.

例12 设 5 阶矩阵 $\boldsymbol{A}$ 与 $\boldsymbol{B}$ 相似，矩阵 $\boldsymbol{A}$ 的特征值为 1,2,3,4,5，则行列式 $|\boldsymbol{B}^{-1}+\boldsymbol{E}|$ = ________.

【答案】6

【解析】因为矩阵 $\boldsymbol{A}$ 与 $\boldsymbol{B}$ 相似，所以有相同的特征值，从而矩阵 $\boldsymbol{B}$ 的特征值也为 1,2,3,4,5，由特征值的性质可得 $\boldsymbol{B}^{-1}+\boldsymbol{E}$ 的特征值为 $1+1,\frac{1}{2}+1,\frac{1}{3}+1,\frac{1}{4}+1,\frac{1}{5}+1$，从而

$$|\boldsymbol{B}^{-1}+\boldsymbol{E}|=2\times\frac{3}{2}\times\frac{4}{3}\times\frac{5}{4}\times\frac{6}{5}=6.$$

小结

先利用相似矩阵有相同特征值，再利用特征值性质知矩阵的行列式等于其所有特征值之积来求解.

例13 设 $f(\lambda)=|\lambda\boldsymbol{E}-\boldsymbol{A}|=\begin{vmatrix}\lambda-a_{11} & -a_{12} & -a_{13}\\ -a_{21} & \lambda-a_{22} & -a_{23}\\ -a_{31} & -a_{32} & \lambda-a_{33}\end{vmatrix}$，则在关于 λ 的多项式 $f(\lambda)$ 中，λ^3 的系数为________，λ^2 的系数为________，常数项为________.

【答案】$1,-a_{11}-a_{22}-a_{33},-|\boldsymbol{A}|$

【解析】含 λ^3 的项仅为 $(\lambda-a_{11})(\lambda-a_{22})(\lambda-a_{33})$，故 λ^3 项的系数为 1；含 λ^2 的项仅为 $(\lambda-a_{11})(\lambda-a_{22})(\lambda-a_{33})$，故 λ^2 项的系数为 $-a_{11}-a_{22}-a_{33}$；常数项为 $f(0)=-|\boldsymbol{A}|$.

小结

n 阶矩阵 $\boldsymbol{A}$ 的特征多项式 $|\lambda\boldsymbol{E}-\boldsymbol{A}|$ 可求出 λ 的 n 次方，$n-1$ 次方，1 次方，常数项的系数.

例14 若行列式 $\begin{vmatrix}\lambda-3 & -2 & 2\\ k & \lambda+1 & -k\\ -4 & -2 & \lambda+3\end{vmatrix}=0$，则 $\lambda=$________.

【答案】1 或 -1

【解析】先利用行列式性质将方程左边进行化简有

$$\begin{vmatrix}\lambda-3 & -2 & 2\\ k & \lambda+1 & -k\\ -4 & -2 & \lambda+3\end{vmatrix}\xlongequal{r_1-r_3}\begin{vmatrix}\lambda+1 & 0 & -1-\lambda\\ k & \lambda+1 & -k\\ -4 & -2 & \lambda+3\end{vmatrix}=(\lambda+1)\begin{vmatrix}1 & 0 & -1\\ k & \lambda+1 & -k\\ -4 & -2 & \lambda+3\end{vmatrix}$$

$$\xlongequal{c_3+c_1}(\lambda+1)\begin{vmatrix}1 & 0 & 0\\ k & \lambda+1 & 0\\ -4 & -2 & \lambda-1\end{vmatrix}=(\lambda+1)^2(\lambda-1).$$

令上式 $=0$，解得 $\lambda_1=1,\lambda_2=\lambda_3=-1$.

小结

含参数的 3 阶行列式，一般不要直接用对角线法则运算，应先利用行列式的性质或运算行列式进行化简，其目的是能提出含参数的公因式到行列式外面. 若无法化简，再考虑对角线法则.

例15 行列式 $\begin{vmatrix} a^2+\frac{1}{a^2} & a & \frac{1}{a} & 1 \\ b^2+\frac{1}{b^2} & b & \frac{1}{b} & 1 \\ c^2+\frac{1}{c^2} & c & \frac{1}{c} & 1 \\ d^2+\frac{1}{d^2} & d & \frac{1}{d} & 1 \end{vmatrix}$ =________(其中 $abcd=1$).

【答案】0

【解析】**方法一**:拆分第一列,则

$$原式=\begin{vmatrix} a^2 & a & \frac{1}{a} & 1 \\ b^2 & b & \frac{1}{b} & 1 \\ c^2 & c & \frac{1}{c} & 1 \\ d^2 & d & \frac{1}{d} & 1 \end{vmatrix}+\begin{vmatrix} \frac{1}{a^2} & a & \frac{1}{a} & 1 \\ \frac{1}{b^2} & b & \frac{1}{b} & 1 \\ \frac{1}{c^2} & c & \frac{1}{c} & 1 \\ \frac{1}{d^2} & d & \frac{1}{d} & 1 \end{vmatrix}$$

$$=abcd\begin{vmatrix} a & 1 & \frac{1}{a^2} & \frac{1}{a} \\ b & 1 & \frac{1}{b^2} & \frac{1}{b} \\ c & 1 & \frac{1}{c^2} & \frac{1}{c} \\ d & 1 & \frac{1}{d^2} & \frac{1}{d} \end{vmatrix}+(-1)^3\begin{vmatrix} a & 1 & \frac{1}{a^2} & \frac{1}{a} \\ b & 1 & \frac{1}{b^2} & \frac{1}{b} \\ c & 1 & \frac{1}{c^2} & \frac{1}{c} \\ d & 1 & \frac{1}{d^2} & \frac{1}{d} \end{vmatrix}=0.$$

方法二:原式 $=\begin{vmatrix} a^2 & a & \frac{1}{a} & 1 \\ b^2 & b & \frac{1}{b} & 1 \\ c^2 & c & \frac{1}{c} & 1 \\ d^2 & d & \frac{1}{d} & 1 \end{vmatrix}+\begin{vmatrix} \frac{1}{a^2} & a & \frac{1}{a} & 1 \\ \frac{1}{b^2} & b & \frac{1}{b} & 1 \\ \frac{1}{c^2} & c & \frac{1}{c} & 1 \\ \frac{1}{d^2} & d & \frac{1}{d} & 1 \end{vmatrix}$,

简记为

$$abcd\,|\boldsymbol{\alpha}_1,\boldsymbol{\alpha}_2,\boldsymbol{\alpha}_3,\boldsymbol{\alpha}_4|+|\boldsymbol{\alpha}_3,\boldsymbol{\alpha}_1,\boldsymbol{\alpha}_4,\boldsymbol{\alpha}_2|$$

$$=abcd\,|\boldsymbol{\alpha}_1,\boldsymbol{\alpha}_2,\boldsymbol{\alpha}_3,\boldsymbol{\alpha}_4|+(-1)^3\,|\boldsymbol{\alpha}_1,\boldsymbol{\alpha}_2,\boldsymbol{\alpha}_3,\boldsymbol{\alpha}_4|$$

$$=0.$$

小结

拆分第一列，观察列之间的关系，同时可以列分块用 $|\boldsymbol{\alpha}_1,\boldsymbol{\alpha}_2,\boldsymbol{\alpha}_3,\boldsymbol{\alpha}_4|$ 简记行列式，再利用列的运算性质化简.

例16 计算行列式 $\begin{vmatrix} a_1b_1 & a_1b_2 & a_1b_3 & a_1b_4 \\ a_1b_2 & a_2b_2 & a_2b_3 & a_2b_4 \\ a_1b_3 & a_2b_3 & a_3b_3 & a_3b_4 \\ a_1b_4 & a_2b_4 & a_3b_4 & a_4b_4 \end{vmatrix}$.

【解】原式 $=a_1\begin{vmatrix} b_1 & b_2 & b_3 & b_4 \\ a_1b_2 & a_2b_2 & a_2b_3 & a_2b_4 \\ a_1b_3 & a_2b_3 & a_3b_3 & a_3b_4 \\ a_1b_4 & a_2b_4 & a_3b_4 & a_4b_4 \end{vmatrix}$

$$\xlongequal[r_4+r_1\cdot(-a_4)]{\substack{r_2+r_1\cdot(-a_2)\\ r_3+r_1\cdot(-a_3)}} a_1\begin{vmatrix} b_1 & b_2 & b_3 & b_4 \\ a_1b_2-a_2b_1 & 0 & 0 & 0 \\ a_1b_3-a_3b_1 & a_2b_3-a_3b_2 & 0 & 0 \\ a_1b_4-a_4b_1 & a_2b_4-a_4b_2 & a_3b_4-a_4b_3 & 0 \end{vmatrix}$$

$$\xlongequal[r_3\leftrightarrow r_4]{\substack{r_1\leftrightarrow r_2\\ r_2\leftrightarrow r_3}} (-1)^3a_1\begin{vmatrix} a_1b_2-a_2b_1 & 0 & 0 & 0 \\ a_1b_3-a_3b_1 & a_2b_3-a_3b_2 & 0 & 0 \\ a_1b_4-a_4b_1 & a_2b_4-a_4b_2 & a_3b_4-a_4b_3 & 0 \\ b_1 & b_2 & b_3 & b_4 \end{vmatrix}$$

$$=-a_1b_4\prod_{i=1}^{3}(a_ib_{i+1}-a_{i+1}b_i).$$

小结

有公因式的行列式计算，先提取公因式化简其余行或列，使其元素中出现较多的零，进而简化行列式的运算.

例17 设多项式 $p(x)=\begin{vmatrix} a_{11}+x & a_{12}+x & a_{13}+x & a_{14}+x \\ a_{21}+2x & a_{22}+2x & a_{23}+2x & a_{24}+2x \\ a_{31}+3x & a_{32}+3x & a_{33}+3x & a_{34}+3x \\ a_{41}+4x & a_{42}+4x & a_{43}+4x & a_{44}+4x \end{vmatrix}$，则 $p(x)$ 的次数至多是(　　).

(A)1　　(B)2　　(C)3　　(D)4

【答案】(A)

【解析】行列式的第1行的(−2)倍加到第2行，第1行的(−3)倍加到第3行，行列式的第1行的(−4)倍加到第4行，则

$$p(x)=\begin{vmatrix} a_{11}+x & a_{12}+x & a_{13}+x & a_{14}+x \\ a_{21}-2a_{11} & a_{22}-2a_{12} & a_{23}-2a_{13} & a_{24}-2a_{14} \\ a_{31}-3a_{11} & a_{32}-3a_{12} & a_{33}-3a_{13} & a_{34}-3a_{14} \\ a_{41}-4a_{11} & a_{42}-4a_{12} & a_{43}-4a_{13} & a_{44}-4a_{14} \end{vmatrix}.$$

又行列式的展开式为来自不同行、不同列元素的乘积的和，故 $p(x)$ 的次数最多为 1 次. 故选(A).

小结

每行每列均为 x 的一次多项式，利用行列式的行列运算性质将元素尽可能化为不含 x 的形式.

三阶突破

例18 计算 $D=\begin{vmatrix} a_1^3 & a_2^3 & a_3^3 & a_4^3 \\ a_1^2b_1 & a_2^2b_2 & a_3^2b_3 & a_4^2b_4 \\ a_1b_1^2 & a_2b_2^2 & a_3b_3^2 & a_4b_4^2 \\ b_1^3 & b_2^3 & b_3^3 & b_4^3 \end{vmatrix}$(其中 a_1,a_2,a_3,a_4 均不为 0).

线索

行列式的行或列有幂次方的变化，考虑范德蒙行列式.

【解】原式$=a_1^3a_2^3a_3^3a_4^3\begin{vmatrix} 1 & 1 & 1 & 1 \\ \dfrac{b_1}{a_1} & \dfrac{b_2}{a_2} & \dfrac{b_3}{a_3} & \dfrac{b_4}{a_4} \\ \left(\dfrac{b_1}{a_1}\right)^2 & \left(\dfrac{b_2}{a_2}\right)^2 & \left(\dfrac{b_3}{a_3}\right)^2 & \left(\dfrac{b_4}{a_4}\right)^2 \\ \left(\dfrac{b_1}{a_1}\right)^3 & \left(\dfrac{b_2}{a_2}\right)^3 & \left(\dfrac{b_3}{a_3}\right)^3 & \left(\dfrac{b_4}{a_4}\right)^3 \end{vmatrix}=a_1^3a_2^3a_3^3a_4^3\prod\limits_{1\leqslant i<j\leqslant 4}\left(\dfrac{b_j}{a_j}-\dfrac{b_i}{a_i}\right)$

$$=a_1^3a_2^3a_3^3a_4^3\prod_{1\leqslant i<j\leqslant 4}\frac{b_ja_i-a_jb_i}{a_ia_j}=\prod_{1\leqslant i<j\leqslant 4}(b_ja_i-a_jb_i).$$

小结

范德蒙结构的行列式：(1) 行间有幂次方的变化，一般首行化为 1；(2) 列间有幂次方的变化，一般首列化为 1.

例19 计算 $D_n=\begin{vmatrix} 1 & 2 & 3 & \cdots & n-1 & n \\ 2 & 3 & 4 & \cdots & n & 1 \\ 3 & 4 & 5 & \cdots & 1 & 2 \\ \vdots & \vdots & \vdots & & \vdots & \vdots \\ n-1 & n & 1 & \cdots & n-3 & n-2 \\ n & 1 & 2 & \cdots & n-2 & n-1 \end{vmatrix}$.

线索

数值型行列式计算首先考虑行和相等或列和相等.

【解】从第 2 列开始各列加到第 1 列,提取公因式,得

$$D_n=\frac{n(n+1)}{2}\begin{vmatrix}1&2&3&\cdots&n-1&n\\1&3&4&\cdots&n&1\\1&4&5&\cdots&1&2\\\vdots&\vdots&\vdots&&\vdots&\vdots\\1&n&1&\cdots&n-3&n-2\\1&1&2&\cdots&n-2&n-1\end{vmatrix},$$

从最后一行开始每行减上一行,得

$$D_n=\frac{n(n+1)}{2}\begin{vmatrix}1&2&3&\cdots&n-1&n\\0&1&1&\cdots&1&1-n\\0&1&1&\cdots&1-n&1\\\vdots&\vdots&\vdots&&\vdots&\vdots\\0&1&1-n&\cdots&1&1\\0&1-n&1&\cdots&1&1\end{vmatrix},$$

按第 1 列展开,得

$$D_n=\frac{n(n+1)}{2}\begin{vmatrix}1&1&\cdots&1&1-n\\1&1&\cdots&1-n&1\\\vdots&\vdots&&\vdots&\vdots\\1&1-n&\cdots&1&1\\1-n&1&\cdots&1&1\end{vmatrix},$$

从第 2 列开始每列加到第 1 列,并提出公因式(−1),得

$$D_n=-\frac{n(n+1)}{2}\begin{vmatrix}1&1&\cdots&1&1-n\\1&1&\cdots&1-n&1\\\vdots&\vdots&&\vdots&\vdots\\1&1-n&\cdots&1&1\\1&1&\cdots&1&1\end{vmatrix},$$

把第 1 列的(−1) 倍依次加到其余各列,得

$$D_n=-\frac{n(n+1)}{2}\begin{vmatrix}1&0&\cdots&0&-n\\1&0&\cdots&-n&0\\\vdots&\vdots&&\vdots&\vdots\\1&-n&\cdots&0&0\\1&0&\cdots&0&0\end{vmatrix},$$

利用次上三角行列式的公式,得

$$D_n=-\frac{n(n+1)}{2}\cdot(-1)^{\frac{(n-1)(n-2)}{2}}(-n)^{n-2}=(-1)^{\frac{n(n-1)}{2}}\frac{(n+1)}{2}n^{n-1}.$$

小结

计算

$$\begin{vmatrix}1 & 0 & \cdots & 0 & -n\\ 1 & 0 & \cdots & -n & 0\\ \vdots & \vdots & & \vdots & \vdots\\ 1 & -n & \cdots & 0 & 0\\ 1 & 0 & \cdots & 0 & 0\end{vmatrix},$$

亦可借助于拉普拉斯公式:$\begin{vmatrix}\boldsymbol{C} & \boldsymbol{A}\\ \boldsymbol{B} & \boldsymbol{O}\end{vmatrix}=(-1)^{mn}|\boldsymbol{A}|\cdot|\boldsymbol{B}|$,其中$\boldsymbol{A},\boldsymbol{B}$分别为$m,n$阶方阵.

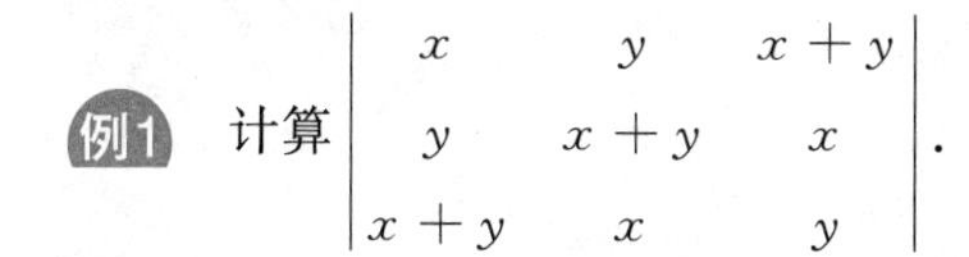

题型2 特殊行列式的计算

一阶溯源

例1 计算$\begin{vmatrix}x & y & x+y\\ y & x+y & x\\ x+y & x & y\end{vmatrix}$.

线索

(1) 行和相等:第 2 列加到第 1 列,第 3 列加到第 1 列,提取第 1 列;

(2) 列和相等:第 2 行加到第 1 行,第 3 行加到第 1 行,提取第 1 行.

【解】第 2 列加到第 1 列,第 3 列加到第 1 列,提取第 1 列,则

$$原式=2(x+y)\begin{vmatrix}1 & y & x+y\\ 1 & x+y & x\\ 1 & x & y\end{vmatrix}\xlongequal[r_3-r_1]{r_2-r_1}2(x+y)\begin{vmatrix}1 & y & x+y\\ 0 & x & -y\\ 0 & x-y & -x\end{vmatrix}$$

$$=2(x+y)\begin{vmatrix}x & -y\\ x-y & -x\end{vmatrix}=-2(x^3+y^3).$$

例2 计算$D_n=\begin{vmatrix}1 & 1 & \cdots & 1\\ 2 & 2^2 & \cdots & 2^n\\ 3 & 3^2 & \cdots & 3^n\\ \vdots & \vdots & & \vdots\\ n & n^2 & \cdots & n^n\end{vmatrix}$.

线索

此题为范德蒙行列式的变形,即列的形式为升幂的范德蒙行列式,故要将首列全化为1,再套公式.

【解】第 2 行提取 2，第 3 行提取 3，…，第 n 行提取 n，得

$$\text{原式}=n!\begin{vmatrix}1&1&\cdots&1\\1&2&\cdots&2^{n-1}\\1&3&\cdots&3^{n-1}\\\vdots&\vdots&&\vdots\\1&n&\cdots&n^{n-1}\end{vmatrix}=n!\,(n-1)!\,(n-2)!\,\cdots 2!.$$

二阶提炼

例3 设 x,y,z 为两两互不相同的数，则 $\begin{vmatrix}x+y&z&z^2\\y+z&x&x^2\\z+x&y&y^2\end{vmatrix}=0$ 的充分必要条件是(　　).

(A) $xyz=0$　　(B) $x+y+z=0$　　(C) $x=-y,z=0$　　(D) $y=-z,x=0$

【答案】(B)

【解析】原行列式的第 2 列加到第 1 列提取 $x+y+z$，得

$$\begin{vmatrix}x+y&z&z^2\\y+z&x&x^2\\z+x&y&y^2\end{vmatrix}=(x+y+z)\begin{vmatrix}1&z&z^2\\1&x&x^2\\1&y&y^2\end{vmatrix}=(x+y+z)(x-z)(y-z)(y-x).$$

又 x,y,z 为两两互不相同的数，故

$$\begin{vmatrix}x+y&z&z^2\\y+z&x&x^2\\z+x&y&y^2\end{vmatrix}=0\Leftrightarrow x+y+z=0.$$

故选(B).

小结

行列式列有幂次方的变化，考虑列形式的范德蒙，故先将首列化为 1.

例4 设 n 阶矩阵 $\boldsymbol{A}=\begin{pmatrix}0&1&1&\cdots&1\\1&0&1&\cdots&1\\1&1&0&\cdots&1\\\vdots&\vdots&\vdots&&\vdots\\1&1&1&\cdots&0\end{pmatrix}$，则 $\left|\frac{1}{2}\boldsymbol{A}^{\mathrm{T}}\right|=$________.

【答案】$\dfrac{(-1)^{n-1}(n-1)}{2^n}$

【解析】$$\left|\frac{1}{2}\boldsymbol{A}^{\mathrm{T}}\right|=\frac{1}{2^n}|\boldsymbol{A}|=\frac{1}{2^n}\begin{vmatrix}0&1&1&\cdots&1\\1&0&1&\cdots&1\\1&1&0&\cdots&1\\\vdots&\vdots&\vdots&&\vdots\\1&1&1&\cdots&0\end{vmatrix}$$

$$\xlongequal[r_1+r_n]{\substack{r_1+r_2\\r_1+r_3\\\cdots}} \frac{1}{2^n}\begin{vmatrix} n-1 & n-1 & n-1 & \cdots & n-1 \\ 1 & 0 & 1 & \cdots & 1 \\ 1 & 1 & 0 & \cdots & 1 \\ \vdots & \vdots & \vdots & & \vdots \\ 1 & 1 & 1 & \cdots & 0 \end{vmatrix}$$

$$=\frac{n-1}{2^n}\begin{vmatrix} 1 & 1 & 1 & \cdots & 1 \\ 1 & 0 & 1 & \cdots & 1 \\ 1 & 1 & 0 & \cdots & 1 \\ \vdots & \vdots & \vdots & & \vdots \\ 1 & 1 & 1 & \cdots & 0 \end{vmatrix}$$

$$\xlongequal[r_n-r_1]{\substack{r_2-r_1\\r_3-r_1\\\cdots}} \frac{n-1}{2^n}\begin{vmatrix} 1 & 1 & 1 & \cdots & 1 \\ 0 & -1 & 0 & \cdots & 0 \\ 0 & 0 & -1 & \cdots & 0 \\ \vdots & \vdots & \vdots & & \vdots \\ 0 & 0 & 0 & \cdots & -1 \end{vmatrix}=\frac{(-1)^{n-1}(n-1)}{2^n}.$$

小结

矩阵行列式的计算，应先作矩阵的运算，再利用矩阵行列式的性质进行化简，最后得到具体的行列式.本题最后计算的具体行列式特点是行和可加.

例5 计算4阶行列式 $\begin{vmatrix} 4 & 3 & 0 & 0 \\ 1 & 4 & 3 & 0 \\ 0 & 1 & 4 & 3 \\ 0 & 0 & 1 & 4 \end{vmatrix}=$________.

【答案】121

【解析】令 $D_4=\begin{vmatrix} 4 & 3 & 0 & 0 \\ 1 & 4 & 3 & 0 \\ 0 & 1 & 4 & 3 \\ 0 & 0 & 1 & 4 \end{vmatrix}$，则

$$D_4=4D_3-3D_2=4(4D_2-3D_1)-3D_2=13D_2-12D_1,$$

其中 $D_2=\begin{vmatrix} 4 & 3 \\ 1 & 4 \end{vmatrix}=13, D_1=4$.

故 $D_4=13\times13-12\times4=121$.

小结

对特殊型的行列式，利用按行（列）展开找到递推关系，将高阶行列式的计算转化成低阶行列式的计算.

例6 计算 $D_n=\begin{vmatrix}1+x_1y_1 & 1+x_1y_2 & \cdots & 1+x_1y_n\\ 1+x_2y_1 & 1+x_2y_2 & \cdots & 1+x_2y_n\\ \vdots & \vdots & & \vdots\\ 1+x_ny_1 & 1+x_ny_2 & \cdots & 1+x_ny_n\end{vmatrix}$（其中 $n\geqslant 2$）.

【解】第 1 行的 (-1) 倍加到第 2 行，第 1 行的 (-1) 倍加到第 3 行，…，第 1 行的 (-1) 倍加到第 n 行，得

$$原式=\begin{vmatrix}1+x_1y_1 & 1+x_1y_2 & \cdots & 1+x_1y_n\\ (x_2-x_1)y_1 & (x_2-x_1)y_2 & \cdots & (x_2-x_1)y_n\\ \vdots & \vdots & & \vdots\\ (x_n-x_1)y_1 & (x_n-x_1)y_2 & \cdots & (x_n-x_1)y_n\end{vmatrix}$$

$$=(x_2-x_1)(x_3-x_1)\cdots(x_n-x_1)\begin{vmatrix}1+x_1y_1 & 1+x_1y_2 & \cdots & 1+x_1y_n\\ y_1 & y_2 & \cdots & y_n\\ \vdots & \vdots & & \vdots\\ y_1 & y_2 & \cdots & y_n\end{vmatrix}$$

$$=\begin{cases}(x_2-x_1)\begin{vmatrix}1+x_1y_1 & 1+x_1y_2\\ y_1 & y_2\end{vmatrix}=(x_2-x_1)(y_2-y_1), & n=2,\\ 0, & n\geqslant 3.\end{cases}$$

小结

当 $n\geqslant 3$ 时，原行列式才为行对应成比例的行列式.

三阶突破

例7 计算 $D_n=\begin{vmatrix}a_1+b & a_2 & a_3 & \cdots & a_n\\ a_1 & a_2+b & a_3 & \cdots & a_n\\ a_1 & a_2 & a_3+b & \cdots & a_n\\ \vdots & \vdots & \vdots & & \vdots\\ a_1 & a_2 & a_3 & \cdots & a_n+b\end{vmatrix}$ $(n\geqslant 2)$.

线索

此题属于除主对角线多了一个 b 之外，其余每一行的元素对应相同的类型，可采取行和相等；逐行相减（爪型）；先加边再逐行相减（爪型）；或者拆分利用展开定理递推得出.

【解】**方法一**：原式 $=\left(b+\sum\limits_{i=1}^{n}a_i\right)\begin{vmatrix}1 & a_2 & a_3 & \cdots & a_n\\ 1 & a_2+b & a_3 & \cdots & a_n\\ 1 & a_2 & a_3+b & \cdots & a_n\\ \vdots & \vdots & \vdots & & \vdots\\ 1 & a_2 & a_3 & \cdots & a_n+b\end{vmatrix}$

$$=\left(b+\sum_{i=1}^{n}a_i\right)\begin{vmatrix}1&0&0&\cdots&0\\1&b&0&\cdots&0\\1&0&b&\cdots&0\\\vdots&\vdots&\vdots&&\vdots\\1&0&0&\cdots&b\end{vmatrix}=\left(b+\sum_{i=1}^{n}a_i\right)b^{n-1}.$$

方法二:逐行减第1行,则

$$D_n=\begin{vmatrix}a_1+b&a_2&a_3&\cdots&a_n\\-b&b&0&\cdots&0\\-b&0&b&\cdots&0\\\vdots&\vdots&\vdots&&\vdots\\-b&0&0&\cdots&b\end{vmatrix},$$

当 $b=0$ 时,$D_n=0$;

当 $b\neq 0$ 时,$D_n=\left[a_1+b-\frac{a_2\cdot(-b)}{b}-\frac{a_3\cdot(-b)}{b}-\cdots-\frac{a_n\cdot(-b)}{b}\right]b^{n-1}$

$$=\left(b+\sum_{i=1}^{n}a_i\right)b^{n-1}.$$

综上:$D_n=\left(b+\sum_{i=1}^{n}a_i\right)b^{n-1}$.

方法三:加边,则

$$D_n=\begin{vmatrix}1&a_1&a_2&a_3&\cdots&a_n\\0&a_1+b&a_2&a_3&\cdots&a_n\\0&a_1&a_2+b&a_3&\cdots&a_n\\0&a_1&a_2&a_3+b&\cdots&a_n\\\vdots&\vdots&\vdots&\vdots&&\vdots\\0&a_1&a_2&a_3&\cdots&a_n+b\end{vmatrix}=\begin{vmatrix}1&a_1&a_2&a_3&\cdots&a_n\\-1&b&0&0&\cdots&0\\-1&0&b&0&\cdots&0\\-1&0&0&b&\cdots&0\\\vdots&\vdots&\vdots&\vdots&&\vdots\\-1&0&0&0&\cdots&b\end{vmatrix},$$

当 $b=0$ 时,$D_n=0$;

当 $b\neq 0$ 时,$D_n=\left[1-\frac{a_1\cdot(-1)}{b}-\frac{a_2\cdot(-1)}{b}-\cdots-\frac{a_n\times(-1)}{b}\right]b^n$

$$=\left(b+\sum_{i=1}^{n}a_i\right)b^{n-1}.$$

综上:$D_n=\left(b+\sum_{i=1}^{n}a_i\right)b^{n-1}$.

方法四:拆分第 n 列,递推,则

$$\begin{aligned}D_n&=a_nb^{n-1}+bD_{n-1}=a_nb^{n-1}+b(a_{n-1}b^{n-2}+bD_{n-2})=\cdots\\&=a_nb^{n-1}+a_{n-1}b^{n-1}+\cdots+a_2b^{n-1}+b^{n-1}D_1\\&=a_nb^{n-1}+a_{n-1}b^{n-1}+\cdots+a_2b^{n-1}+b^{n-1}(a_1+b)=\left(b+\sum_{i=1}^{n}a_i\right)b^{n-1}.\end{aligned}$$

小结

(1) 行列式拆分注意是拆分第 n 列而不是第 1 列；(2) D_1 注意是在行列式的左上角还是右下角；(3) 此题也可以采取数学归纳法求行列式.

题型3 行列式的展开定理

一阶溯源

例1 计算 $\begin{vmatrix} a & 1 & 0 & 0 \\ -1 & b & 1 & 0 \\ 0 & -1 & c & 1 \\ 0 & 0 & -1 & d \end{vmatrix}$.

线索

n 阶行列式某行或某列有 $n-2$ 个元素为零或 $n-1$ 个元素为零，采取按该行或该列展开.

【解】按第 1 行展开，则

$$原式=a\begin{vmatrix} b & 1 & 0 \\ -1 & c & 1 \\ 0 & -1 & d \end{vmatrix}+(-1)^{1+2}\times 1\times\begin{vmatrix} -1 & 1 & 0 \\ 0 & c & 1 \\ 0 & -1 & d \end{vmatrix}$$

$$=a\left[b\begin{vmatrix} c & 1 \\ -1 & d \end{vmatrix}+(-1)^{1+2}\times 1\times\begin{vmatrix} -1 & 1 \\ 0 & d \end{vmatrix}\right]+\begin{vmatrix} c & 1 \\ -1 & d \end{vmatrix}$$

$$=abcd+ab+cd+ad+1.$$

例2 已知 $D=\begin{vmatrix} 3 & 1 & -1 & 2 \\ -5 & 1 & 3 & -4 \\ 2 & 0 & 1 & -1 \\ 1 & -5 & 3 & -3 \end{vmatrix}$，求 $A_{31}+3A_{32}-2A_{33}+2A_{34}$.

线索

求 $k_1A_{i1}+k_2A_{i2}+\cdots+k_nA_{in}$ 或 $k_1A_{1j}+k_2A_{2j}+\cdots+k_nA_{nj}$，考虑按第 i 行或第 j 列展开.

【解】$A_{31}+3A_{32}-2A_{33}+2A_{34}=\begin{vmatrix} 3 & 1 & -1 & 2 \\ -5 & 1 & 3 & -4 \\ 1 & 3 & -2 & 2 \\ 1 & -5 & 3 & -3 \end{vmatrix}$

$$\xlongequal{r_1\leftrightarrow r_4}-\begin{vmatrix} 1 & -5 & 3 & -3 \\ -5 & 1 & 3 & -4 \\ 1 & 3 & -2 & 2 \\ 3 & 1 & -1 & 2 \end{vmatrix}$$

$$\xlongequal[\substack{r_3+r_1\cdot(-1)\\ r_4+r_1\cdot(-3)}]{r_2+r_1\cdot 5}-\begin{vmatrix}1&-5&3&-3\\0&-24&18&-19\\0&8&-5&5\\0&16&-10&11\end{vmatrix}$$

$$=-\begin{vmatrix}-24&18&-19\\8&-5&5\\16&-10&11\end{vmatrix}=8\begin{vmatrix}1&-5&5\\0&3&-3\\0&0&1\end{vmatrix}=24.$$

例3 设 $|\boldsymbol{A}|=\begin{vmatrix}1&1&2&-1\\-2&3&4&1\\3&4&1&2\\-4&2&0&6\end{vmatrix}$.

(1)$A_{12}-2A_{22}+3A_{32}-4A_{42}=$________;

(2)$A_{31}+2A_{32}+A_{34}=$________.

【答案】0；-40

线索

对于元素乘以代数余子式的和的形式计算,可将其转化成一个行列式进行运算.

【解析】(1)$A_{12}-2A_{22}+3A_{33}-4A_{42}=\begin{vmatrix}1&1&2&-1\\-2&-2&4&1\\3&3&1&2\\-4&-4&0&6\end{vmatrix}=0$,

即第 1 列的元素乘以第 2 列对应元素的代数余子式之和,故值为 0.

(2)$A_{31}+2A_{32}+A_{34}=A_{31}+2A_{32}+0A_{33}+A_{34}$

$$=\begin{vmatrix}1&1&2&-1\\-2&3&4&1\\1&2&0&1\\-4&2&0&6\end{vmatrix}\xlongequal{r_2-2r_1}\begin{vmatrix}1&1&2&-1\\-4&1&0&3\\1&2&0&1\\-4&2&0&6\end{vmatrix}$$

$$=2\begin{vmatrix}-4&1&3\\1&2&1\\-4&2&6\end{vmatrix}=2\begin{vmatrix}-4&1&3\\9&0&-5\\4&0&0\end{vmatrix}=-2\begin{vmatrix}9&-5\\4&0\end{vmatrix}=-40.$$

例4 设 $D=\begin{vmatrix}2&-5&1&2\\-3&7&-1&4\\5&-9&2&7\\4&-6&1&2\end{vmatrix}$.

(1) 计算 D；

(2) 求 $M_{31}+M_{33}+M_{34}$.

线索

(1) 计算纯数值的行列式一般是将其化为上三角行列式或利用行列式的性质将其某一行或列化为较多的零;(2) 余子式的相关运算一般要转化为代数余子式的运算.

【解】(1)$D=\begin{vmatrix}2&-5&1&2\\-3&7&-1&4\\5&-9&2&7\\4&-6&1&2\end{vmatrix}\xlongequal[\substack{r_3+r_1\cdot(-2)\\ r_4+r_1\cdot(-1)}]{r_2+r_1\cdot 1}\begin{vmatrix}2&-5&1&2\\-1&2&0&6\\1&1&0&3\\2&-1&0&0\end{vmatrix}$

$$=(-1)^{1+3}\times 1\cdot A_{13}=M_{13}=\begin{vmatrix}-1&2&6\\1&1&3\\2&-1&0\end{vmatrix}=\begin{vmatrix}-1&2&6\\0&3&9\\0&3&12\end{vmatrix}$$

$$=\begin{vmatrix}-1&2&6\\0&3&9\\0&0&3\end{vmatrix}=-9.$$

(2)$M_{31}+M_{33}+M_{34}=1A_{31}+0A_{32}+A_{33}-A_{34}=\begin{vmatrix}2&-5&1&2\\-3&7&-1&4\\1&0&1&-1\\4&-6&1&2\end{vmatrix}$

$$\xlongequal[\substack{r_3+r_1\cdot(-1)\\ r_4+r_1\cdot(-1)}]{r_2+r_1}\begin{vmatrix}2&-5&1&2\\-1&2&0&6\\-1&5&0&-3\\2&-1&0&0\end{vmatrix}=(-1)^{1+3}\times 1\times\begin{vmatrix}-1&2&6\\-1&5&-3\\2&-1&0\end{vmatrix}$$

$$=\begin{vmatrix}-3&12&0\\-1&5&-3\\2&-1&0\end{vmatrix}=(-1)^{2+3}\times(-3)\begin{vmatrix}-3&12\\2&-1\end{vmatrix}=-63.$$

二阶提炼

例5 $D_4=\begin{vmatrix}0&a&b&0\\a&0&0&b\\0&c&d&0\\c&0&0&d\end{vmatrix}=$ ________.

【答案】$-(ad-bc)^2$

【解析】**方法一**:交换第 1 行与第 4 行,第 2 列与第 3 列,则

$$\text{原式}=\begin{vmatrix}c&d&0&0\\a&b&0&0\\0&0&d&c\\0&0&b&a\end{vmatrix}=\begin{vmatrix}c&d\\a&b\end{vmatrix}\begin{vmatrix}d&c\\b&a\end{vmatrix}=-(ad-bc)^2.$$

方法二:交换 1,2 两行,套用公式

$$D_{2n}=\begin{vmatrix}a_1&0&&&&&0&b_1\\0&a_2&&&&&b_2&0\\&&\ddots&&&\iddots&&\\&&&a_n&b_n&&&\\&&&b_{n+1}&a_{n+1}&&&\\&&\iddots&&&\ddots&&\\0&b_{2n-1}&&&&&a_{2n-1}&0\\b_{2n}&0&&&&&0&a_{2n}\end{vmatrix}$$

$$=(a_1a_{2n}-b_1b_{2n})(a_2a_{2n-1}-b_2b_{2n-1})(a_na_{n+1}-b_nb_{n+1}),$$

$$\text{原式}=-\begin{vmatrix}a&0&0&b\\0&a&b&0\\0&c&d&0\\c&0&0&d\end{vmatrix}=-\begin{vmatrix}a&b\\c&d\end{vmatrix}\cdot\begin{vmatrix}a&b\\c&d\end{vmatrix}=-(ad-bc)^2.$$

小结

此题也可以按第 4 行展开降阶,但一般以方法一为主.

例6 计算 $D_n=\begin{vmatrix}x&-1&0&\cdots&0&0&0\\0&x&-1&\cdots&0&0&0\\0&0&x&\cdots&0&0&0\\\vdots&\vdots&\vdots&&\vdots&\vdots&\vdots\\0&0&0&\cdots&x&-1&0\\0&0&0&\cdots&0&x&-1\\a_n&a_{n-1}&a_{n-2}&\cdots&a_3&a_2&a_1\end{vmatrix}$.

【解】按第 1 列展开,则

$$
\begin{aligned}
D_n&=xD_{n-1}+(-1)^{n+1}a_n(-1)^{n-1}=xD_{n-1}+a_n=x(xD_{n-2}+a_{n-1})+a_n\\
&=x^2D_{n-2}+a_{n-1}x+a_n=x^2(xD_{n-3}+a_{n-2})+a_{n-1}x+a_n\\
&=x^3D_{n-3}+a_{n-2}x^2+a_{n-1}x+a_n\\
&=\cdots=x^{n-1}D_1+a_2x^{n-2}+\cdots+a_{n-1}x+a_n=\sum_{i=1}^{n}a_ix^{n-i}.
\end{aligned}
$$

小结

按某一行或列展开，优先按拐角展开，注意 $D_1=a_1$ 而不是 x.

例7 设 $f(x)=\begin{vmatrix} x-2 & x-1 & x-2 & x-3 \\ 2x-2 & 2x-1 & 2x-2 & 2x-3 \\ 3x-3 & 3x-2 & 4x-5 & 3x-5 \\ 4x & 4x-3 & 5x-7 & 4x-3 \end{vmatrix}$，则 $f(x)=0$ 的根的个数为(　　).

(A)1　　(B)2　　(C)3　　(D)4

【答案】(B)

【解析】第 2 列减第 1 列，第 3 列减第 1 列，第 4 列减第 1 列，则

$$
\text{原式}=\begin{vmatrix} x-2 & 1 & 0 & -1 \\ 2x-2 & 1 & 0 & -1 \\ 3x-3 & 1 & x-2 & -2 \\ 4x & -3 & x-7 & -3 \end{vmatrix}\xlongequal{c_4+c_2}\begin{vmatrix} x-2 & 1 & 0 & 0 \\ 2x-2 & 1 & 0 & 0 \\ 3x-3 & 1 & x-2 & -1 \\ 4x & -3 & x-7 & -6 \end{vmatrix}
$$

$$
=\begin{vmatrix} x-2 & 1 \\ 2x-2 & 1 \end{vmatrix}\cdot\begin{vmatrix} x-2 & -1 \\ x-7 & -6 \end{vmatrix}=(-x)(5-5x),
$$

令 $f(x)=0$，解得 $x=0$ 或 $x=1$.

故选(B).

小结

行列式的元素为两项和的运算，一般采取逐行或逐列相加减，且尽可能将元素化为较多个零.

例8 已知 $\boldsymbol{A}=\begin{pmatrix} 1 & 2 & 2^2 & 2^3 \\ 1 & 3 & 3^2 & 3^3 \\ 1 & 4 & 4^2 & 4^3 \\ 1 & 5 & 5^2 & 5^3 \end{pmatrix}$，$A_{ij}$ 为 $|\boldsymbol{A}|$ 中元素 a_{ij} 的代数余子式，则 $\sum_{j=1}^{4}\sum_{i=1}^{4}A_{ij}=$ ________.

【答案】12

【解析】由于

$$
A_{11}+A_{21}+A_{31}+A_{41}=|\boldsymbol{A}|=12,
$$

$$
A_{12}+A_{22}+A_{32}+A_{42}=\begin{vmatrix} 1 & 1 & 2^2 & 2^3 \\ 1 & 1 & 3^2 & 3^3 \\ 1 & 1 & 4^2 & 4^3 \\ 1 & 1 & 5^2 & 5^3 \end{vmatrix}=0.
$$

同理有 $A_{13}+A_{23}+A_{33}+A_{43}=0, A_{14}+A_{24}+A_{34}+A_{44}=0,$

所以
$$\sum_{j=1}^{4}\sum_{i=1}^{4}A_{ij}=12+0+0+0=12.$$

小结

求解所有代数余子式的和常用的方法有两种：

(1) 是利用按行(列)展开定理；

(2) 求出伴随矩阵，再求所有元素的和(伴随矩阵中的零元素较多时).

此题因为第 1 列的元素为相同的数值，故采取一列一列求的方法.

例9 设矩阵 $\boldsymbol{A}=(a_{ij})_{3\times3}$ 满足 $a_{ij}=A_{ij}$，其中 A_{ij} 为 $|\boldsymbol{A}|$ 中元素 a_{ij} 的代数余子式，若 $a_{11}=a_{12}=a_{13}>0$，则 $a_{11}=($　　$)$.

(A) $\dfrac{\sqrt{3}}{3}$　　(B)3　　(C) $\dfrac{1}{3}$　　(D) $\sqrt{3}$

【答案】(A)

【解析】因为 $a_{ij}=A_{ij}$，故矩阵 $(a_{ij})_{n\times n}=(A_{ij})_{n\times n}=(A_{ji})^{\mathrm{T}}_{n\times n}$，即
$$\boldsymbol{A}=(\boldsymbol{A}^{*})^{\mathrm{T}},$$
两边取行列式可得
$$|\boldsymbol{A}|=|(\boldsymbol{A}^{*})^{\mathrm{T}}|,$$
从而
$$|\boldsymbol{A}|=|\boldsymbol{A}|^{2}, \text{即 } |\boldsymbol{A}|=0 \text{ 或 } |\boldsymbol{A}|=1.$$
又 $|\boldsymbol{A}|=a_{11}A_{11}+a_{12}A_{12}+a_{13}A_{13}=a_{11}^2+a_{12}^2+a_{13}^2=3a_{11}^2>0$，则
$$|\boldsymbol{A}|=1,$$
从而
$$3a_{11}^2=1\Rightarrow a_{11}=\frac{\sqrt{3}}{3}.$$
故选(A).

小结

代数余子式的问题要与行列式按行按列展开或伴随矩阵关联起来.

例10 设 $\boldsymbol{A}$ 是 n 阶可逆矩阵，$|\boldsymbol{A}|=a$，且 $\boldsymbol{A}$ 的各行元素之和均为 b，则 $|\boldsymbol{A}|$ 的代数余子式之和 $\sum_{j=1}^{n}(A_{1j}+A_{2j}+\cdots+A_{nj})=$________.

【答案】$\dfrac{na}{b}$

【解析】设 $\boldsymbol{A}=(\boldsymbol{\alpha}_1,\boldsymbol{\alpha}_2,\cdots,\boldsymbol{\alpha}_n)$，$\boldsymbol{\beta}=(1,1,\cdots,1)^{\mathrm{T}}$，由 $\boldsymbol{A}$ 的各行元素之和均为 b，可以得到
$$\boldsymbol{A\beta}=b\boldsymbol{\beta}, \text{即 } \boldsymbol{\alpha}_1+\boldsymbol{\alpha}_2+\cdots+\boldsymbol{\alpha}_n=b\boldsymbol{\beta},$$
且 b 是 $\boldsymbol{A}$ 的一个特征值.

又因为 $\boldsymbol{A}$ 是 n 阶可逆矩阵，所以 $b\neq 0$，从而

$$\boldsymbol{\beta}=\frac{1}{b}(\boldsymbol{\alpha}_1+\boldsymbol{\alpha}_2+\cdots+\boldsymbol{\alpha}_n).$$

又

$$A_{11}+A_{21}+\cdots+A_{n1}=\begin{vmatrix}1 & a_{12} & \cdots & a_{1n}\\ 1 & a_{22} & \cdots & a_{2n}\\ \vdots & \vdots & & \vdots\\ 1 & a_{n2} & \cdots & a_{nn}\end{vmatrix}=|\boldsymbol{\beta},\boldsymbol{\alpha}_2,\cdots,\boldsymbol{\alpha}_n|$$

$$=\left|\frac{1}{b}(\boldsymbol{\alpha}_1+\boldsymbol{\alpha}_2+\cdots+\boldsymbol{\alpha}_n),\boldsymbol{\alpha}_2,\cdots,\boldsymbol{\alpha}_n\right|$$

$$=\frac{1}{b}|\boldsymbol{\alpha}_1,\boldsymbol{\alpha}_2,\cdots,\boldsymbol{\alpha}_n|=\frac{a}{b}.$$

同理可得

$$A_{1j}+A_{2j}+\cdots+A_{nj}=|\boldsymbol{\alpha}_1,\boldsymbol{\alpha}_2,\cdots,\boldsymbol{\alpha}_{j-1},\boldsymbol{\beta},\boldsymbol{\alpha}_j,\cdots,\boldsymbol{\alpha}_n|=\frac{a}{b},j=1,2,\cdots,n.$$

故
$$\sum_{j=1}^{n}(A_{1j}+A_{2j}+\cdots+A_{nj})=\frac{na}{b}.$$

小结

先将矩阵 $\boldsymbol{A}$ 按列分块，利用 $\boldsymbol{A}$ 各行元素之和为 b 得到矩阵 $\boldsymbol{A}$ 各列之和，再利用行列式按列展开的性质将各列余子式之和还原为与 $|\boldsymbol{A}|$ 有关的行列式，最后利用行列式的性质得到结果.

三阶突破

例11 $D_5=\begin{vmatrix}1-a & a & 0 & 0 & 0\\ -1 & 1-a & a & 0 & 0\\ 0 & -1 & 1-a & a & 0\\ 0 & 0 & -1 & 1-a & a\\ 0 & 0 & 0 & -1 & 1-a\end{vmatrix}=$________.

【答案】$-a^5+a^4-a^3+a^2-a+1$

【解析】将 D 记为 D_5，则将 D_5 按第 1 列展开有

$$D_5\xlongequal{\text{按}c_1\text{展开}}(1-a)\begin{vmatrix}1-a & a & 0 & 0\\ -1 & 1-a & a & 0\\ 0 & -1 & 1-a & a\\ 0 & 0 & -1 & 1-a\end{vmatrix}+(-1)^{2+1}(-1)\begin{vmatrix}a & 0 & 0 & 0\\ -1 & 1-a & a & 0\\ 0 & -1 & 1-a & a\\ 0 & 0 & -1 & 1-a\end{vmatrix}$$

$$=(1-a+a^2)\begin{vmatrix}1-a & a & 0\\ -1 & 1-a & a\\ 0 & -1 & 1-a\end{vmatrix}+(1-a)\begin{vmatrix}a & 0 & 0\\ -1 & 1-a & a\\ 0 & -1 & 1-a\end{vmatrix}$$

$$=(1-a+a^2)\begin{vmatrix}1-a & a & 0\\ -1 & 1-a & a\\ 0 & -1 & 1-a\end{vmatrix}+(a-a^2)\begin{vmatrix}1-a & a\\ -1 & 1-a\end{vmatrix}$$

$$=(1-a+a^2)[(1-a)^3+2a(1-a)]+(a-a^2)[(1-a)^2+a]$$

$$=-a^5+a^4-a^3+a^2-a+1.$$

小结

低阶行列式的计算按行按列展开进行降阶至二阶或三阶行列式的计算即可.

例12 计算 $D_n=\begin{vmatrix}x & x+y & x+y & \cdots & x+y\\ x-y & x & x+y & \cdots & x+y\\ x-y & x-y & x & \cdots & x+y\\ \vdots & \vdots & \vdots & & \vdots\\ x-y & x-y & x-y & \cdots & x\end{vmatrix}$.

线索

行列式中相同元素较多,采取行列运算性质尽可能化出较多的零,按展开定理展开.

【解】第 2 行的(-1)倍加到第 1 行,第 3 行的(-1)倍加到第 2 行,…,第 n 行的(-1)倍加到第 $n-1$ 行,

$$D_n=\begin{vmatrix}y & y & 0 & 0 & \cdots & 0 & 0\\ 0 & y & y & 0 & \cdots & 0 & 0\\ \vdots & \vdots & \vdots & \vdots & & \vdots & \vdots\\ 0 & 0 & 0 & 0 & \cdots & y & y\\ x-y & x-y & x-y & x-y & \cdots & x-y & x\end{vmatrix}.$$

按第 1 列展开知

$$D_n=yD_{n-1}+(-1)^{n+1}(x-y)y^{n-1},$$

则

$$\begin{cases}D_n=yD_{n-1}+(-1)^{n+1}(x-y)y^{n-1},\\ yD_{n-1}=y^2D_{n-2}+(-1)^n(x-y)y^{n-2}y,\\ \quad\cdots\\ y^{n-2}D_{n-2}=y^{n-1}D_1+(-1)^3(x-y)yy^{n-2}.\end{cases}$$

故 $D_n=y^{n-1}D_1+(x-y)y^{n-1}[(-1)+(-1)^2+\cdots+(-1)^{n-2}+(-1)^{n-1}]$.

(1)n 为偶数,$D_n=y^{n-1}x+(x-y)y^{n-1}(-1)=y^n$;

(2)n 为奇数,$D_n=y^{n-1}x+(x-y)y^{n-1}0=xy^{n-1}$.

小结

展开优先按拐角展开,掌握递推式的计算方法.

题型4 抽象行列式的计算

一阶溯源

例1 设3阶矩阵 $A=\begin{pmatrix}\boldsymbol{\alpha}\\2\boldsymbol{\alpha}_2\\3\boldsymbol{\alpha}_3\end{pmatrix}$，$B=\begin{pmatrix}\boldsymbol{\beta}\\\boldsymbol{\alpha}_2\\\boldsymbol{\alpha}_3\end{pmatrix}$，$\boldsymbol{\alpha},\boldsymbol{\beta},\boldsymbol{\alpha}_2,\boldsymbol{\alpha}_3$ 都是行向量，且 $|A|=18$，$|B|=2$，求 $|A-B|$.

线索

矩阵相加减的行列式运算，先作矩阵运算，再作行列式运算.

【解】因为 $A-B=\begin{pmatrix}\boldsymbol{\alpha}\\2\boldsymbol{\alpha}_2\\3\boldsymbol{\alpha}_3\end{pmatrix}-\begin{pmatrix}\boldsymbol{\beta}\\\boldsymbol{\alpha}_2\\\boldsymbol{\alpha}_3\end{pmatrix}=\begin{pmatrix}\boldsymbol{\alpha}-\boldsymbol{\beta}\\\boldsymbol{\alpha}_2\\2\boldsymbol{\alpha}_3\end{pmatrix}$，故

$$|A-B|=\begin{vmatrix}\boldsymbol{\alpha}-\boldsymbol{\beta}\\\boldsymbol{\alpha}_2\\2\boldsymbol{\alpha}_3\end{vmatrix}=2\begin{vmatrix}\boldsymbol{\alpha}-\boldsymbol{\beta}\\\boldsymbol{\alpha}_2\\\boldsymbol{\alpha}_3\end{vmatrix}=2\begin{vmatrix}\boldsymbol{\alpha}\\\boldsymbol{\alpha}_2\\\boldsymbol{\alpha}_3\end{vmatrix}-2\begin{vmatrix}\boldsymbol{\beta}\\\boldsymbol{\alpha}_2\\\boldsymbol{\alpha}_3\end{vmatrix}=2\times(3-2)=2.$$

例2 设 $A=(\boldsymbol{\alpha}_1,\boldsymbol{\alpha}_2,\boldsymbol{\alpha}_3)$，且 $|A|=a$，则 $|2\boldsymbol{\alpha}_1,\boldsymbol{\alpha}_2+3\boldsymbol{\alpha}_3,\boldsymbol{\alpha}_1+2\boldsymbol{\alpha}_2-\boldsymbol{\alpha}_3|=$________.

【答案】$-14a$

线索

向量组拼成的抽象行列式，一般列分块运用列的运算性质，行分块利用行的运算性质；或采取矩阵分解，两边同取行列式计算.

【解析】**方法一**：利用列的运算性质，则

$$\begin{aligned}|2\boldsymbol{\alpha}_1,\boldsymbol{\alpha}_2+3\boldsymbol{\alpha}_3,\boldsymbol{\alpha}_1+2\boldsymbol{\alpha}_2-\boldsymbol{\alpha}_3|&=2|\boldsymbol{\alpha}_1,\boldsymbol{\alpha}_2+3\boldsymbol{\alpha}_3,\boldsymbol{\alpha}_1+2\boldsymbol{\alpha}_2-\boldsymbol{\alpha}_3|\\&=2|\boldsymbol{\alpha}_1,\boldsymbol{\alpha}_2+3\boldsymbol{\alpha}_3,2\boldsymbol{\alpha}_2-\boldsymbol{\alpha}_3|\\&=2(|\boldsymbol{\alpha}_1,\boldsymbol{\alpha}_2,2\boldsymbol{\alpha}_2-\boldsymbol{\alpha}_3|+|\boldsymbol{\alpha}_1,3\boldsymbol{\alpha}_3,2\boldsymbol{\alpha}_2-\boldsymbol{\alpha}_3|)\\&=2(|\boldsymbol{\alpha}_1,\boldsymbol{\alpha}_2,-\boldsymbol{\alpha}_3|+3|\boldsymbol{\alpha}_1,\boldsymbol{\alpha}_3,2\boldsymbol{\alpha}_2-\boldsymbol{\alpha}_3|)\\&=2(-|\boldsymbol{\alpha}_1,\boldsymbol{\alpha}_2,\boldsymbol{\alpha}_3|+3|\boldsymbol{\alpha}_1,\boldsymbol{\alpha}_3,2\boldsymbol{\alpha}_2|)\\&=2(-|\boldsymbol{\alpha}_1,\boldsymbol{\alpha}_2,\boldsymbol{\alpha}_3|-6|\boldsymbol{\alpha}_1,\boldsymbol{\alpha}_2,\boldsymbol{\alpha}_3|)\\&=-14|\boldsymbol{\alpha}_1,\boldsymbol{\alpha}_2,\boldsymbol{\alpha}_3|=-14a.\end{aligned}$$

方法二：$(2\boldsymbol{\alpha}_1,\boldsymbol{\alpha}_2+3\boldsymbol{\alpha}_3,\boldsymbol{\alpha}_1+2\boldsymbol{\alpha}_2-\boldsymbol{\alpha}_3)=(\boldsymbol{\alpha}_1,\boldsymbol{\alpha}_2,\boldsymbol{\alpha}_3)\begin{pmatrix}2&0&1\\0&1&2\\0&3&-1\end{pmatrix}=AB$，

$|2\boldsymbol{\alpha}_1,\boldsymbol{\alpha}_2+3\boldsymbol{\alpha}_3,\boldsymbol{\alpha}_1+2\boldsymbol{\alpha}_2-\boldsymbol{\alpha}_3|=|A||B|=-14a$.

二阶提炼

例3 设 A,B 均为 n 阶矩阵，$|A|=-2$，$|B|=3$，$|A+B|=6$，则 $||A|B^*+|B|A^*|=$________.

【答案】$(-1)^{n-1}6^n$

【解析】因为 $|\boldsymbol{A}|=-2$，$|\boldsymbol{B}|=3$，故 $\boldsymbol{A},\boldsymbol{B}$ 均可逆，而

$$\begin{aligned}|\boldsymbol{A}|\boldsymbol{B}^*+|\boldsymbol{B}|\boldsymbol{A}^*&=|\boldsymbol{A}||\boldsymbol{B}|\boldsymbol{B}^{-1}+|\boldsymbol{B}||\boldsymbol{A}|\boldsymbol{A}^{-1}\\&=-6(\boldsymbol{B}^{-1}+\boldsymbol{A}^{-1})=-6\boldsymbol{A}^{-1}\boldsymbol{A}(\boldsymbol{B}^{-1}+\boldsymbol{A}^{-1})\boldsymbol{B}\boldsymbol{B}^{-1}\\&=-6\boldsymbol{A}^{-1}(\boldsymbol{A}\boldsymbol{B}^{-1}\boldsymbol{B}+\boldsymbol{A}\boldsymbol{A}^{-1}\boldsymbol{B})\boldsymbol{B}^{-1}\\&=-6\boldsymbol{A}^{-1}(\boldsymbol{A}+\boldsymbol{B})\boldsymbol{B}^{-1}.\end{aligned}$$

所以 $\left||\boldsymbol{A}|\boldsymbol{B}^*+|\boldsymbol{B}|\boldsymbol{A}^*\right|=\left|-6\boldsymbol{A}^{-1}(\boldsymbol{A}+\boldsymbol{B})\boldsymbol{B}^{-1}\right|=(-6)^n|\boldsymbol{A}^{-1}||\boldsymbol{A}+\boldsymbol{B}||\boldsymbol{B}^{-1}|$

$$=(-1)^{n-1}6^n.$$

小结

求 $|\boldsymbol{A}+\boldsymbol{B}|$ 的行列式时，一般需要先利用单位矩阵的恒等变形将矩阵的加法运算化为乘法运算，再计算行列式.

例4 设 $n(n\geqslant 3)$ 阶行列式 $|\boldsymbol{A}|=a$，将 $|\boldsymbol{A}|$ 每一列减去其余的各列得到的行列式为 $|\boldsymbol{B}|$，则 $|\boldsymbol{B}|=$________.

【答案】$a(2-n)2^{n-1}$

【解析】不妨设 $\boldsymbol{A}=(\boldsymbol{\alpha}_1,\boldsymbol{\alpha}_2,\cdots,\boldsymbol{\alpha}_n)$，则由题意可得

$$|\boldsymbol{B}|=|\boldsymbol{\alpha}_1-\boldsymbol{\alpha}_2-\cdots-\boldsymbol{\alpha}_n,\boldsymbol{\alpha}_2-\boldsymbol{\alpha}_1-\cdots-\boldsymbol{\alpha}_n,\cdots,\boldsymbol{\alpha}_n-\boldsymbol{\alpha}_1-\cdots-\boldsymbol{\alpha}_{n-1}|,$$

其中 $(\boldsymbol{\alpha}_1-\boldsymbol{\alpha}_2-\cdots-\boldsymbol{\alpha}_n,\boldsymbol{\alpha}_2-\boldsymbol{\alpha}_1-\cdots-\boldsymbol{\alpha}_n,\cdots,\boldsymbol{\alpha}_n-\boldsymbol{\alpha}_1-\cdots-\boldsymbol{\alpha}_{n-1})$

$$=(\boldsymbol{\alpha}_1,\boldsymbol{\alpha}_2,\cdots,\boldsymbol{\alpha}_n)\begin{pmatrix}1&-1&-1&\cdots&-1\\-1&1&-1&\cdots&-1\\-1&-1&1&\cdots&-1\\\vdots&\vdots&\vdots&&\vdots\\-1&-1&-1&\cdots&1\end{pmatrix}.$$

$$\text{故有 }|\boldsymbol{B}|=|\boldsymbol{\alpha}_1,\boldsymbol{\alpha}_2,\cdots,\boldsymbol{\alpha}_n|\begin{vmatrix}1&-1&-1&\cdots&-1\\-1&1&-1&\cdots&-1\\-1&-1&1&\cdots&-1\\\vdots&\vdots&\vdots&&\vdots\\-1&-1&-1&\cdots&1\end{vmatrix}=a\begin{vmatrix}1&-1&-1&\cdots&-1\\-1&1&-1&\cdots&-1\\-1&-1&1&\cdots&-1\\\vdots&\vdots&\vdots&&\vdots\\-1&-1&-1&\cdots&1\end{vmatrix}$$

$$\xlongequal[r_n-r_1]{\substack{r_2-r_1\\r_3-r_1\\\cdots}}a\begin{vmatrix}1&-1&-1&\cdots&-1\\-2&2&0&\cdots&0\\-2&0&2&\cdots&0\\\vdots&\vdots&\vdots&&\vdots\\-2&0&0&\cdots&2\end{vmatrix}\xlongequal[c_1-c_n]{\substack{c_1+c_2\\c_1+c_3\\\cdots}}a\begin{vmatrix}2-n&-1&-1&\cdots&-1\\0&2&0&\cdots&0\\0&0&2&\cdots&0\\\vdots&\vdots&\vdots&&\vdots\\0&0&0&\cdots&2\end{vmatrix}$$

$$=a(2-n)2^{n-1}.$$

小结

先进行行列式的运算得到行列式 $|\boldsymbol{B}|$ 的按列分块的结果，再结合矩阵的乘法运算将其化简为两个方阵的乘积，最后利用行列式的运算将其化为特殊行列式进行计算.

例5 计算 $D_n=\begin{vmatrix} 1 & 1 & 1 & \cdots & 1 \\ x_1+1 & x_2+1 & x_3+1 & \cdots & x_n+1 \\ x_1^2+x_1 & x_2^2+x_2 & x_3^2+x_3 & \cdots & x_n^2+x_n \\ \vdots & \vdots & \vdots & & \vdots \\ x_1^{n-1}+x_1^{n-2} & x_2^{n-1}+x_2^{n-2} & x_3^{n-1}+x_3^{n-2} & \cdots & x_n^{n-1}+x_n^{n-2} \end{vmatrix}$.

【解】记 $A=\begin{pmatrix} 1 & 0 & 0 & \cdots & 0 & 0 \\ 1 & 1 & 0 & \cdots & 0 & 0 \\ 0 & 1 & 1 & \cdots & 0 & 0 \\ \vdots & \vdots & \vdots & & \vdots & \vdots \\ 0 & 0 & 0 & \cdots & 1 & 0 \\ 0 & 0 & 0 & \cdots & 1 & 1 \end{pmatrix}\begin{pmatrix} 1 & 1 & \cdots & 1 \\ x_1 & x_2 & \cdots & x_n \\ x_1^2 & x_2^2 & \cdots & x_n^2 \\ \vdots & \vdots & & \vdots \\ x_1^{n-1} & x_2^{n-1} & \cdots & x_n^{n-1} \end{pmatrix}=BC$，则

$$D_n=|A|=|BC|=|B||C|=1\cdot\prod_{1\leqslant i<j\leqslant n}(x_j-x_i)=\prod_{1\leqslant i<j\leqslant n}(x_j-x_i).$$

小结

此题也可通过行列式的行的性质运算转化为范德蒙行列式计算.

例6 设 $\boldsymbol{\alpha}=(1,0,-1)^{\mathrm{T}}$，矩阵 $A=\boldsymbol{\alpha}\boldsymbol{\alpha}^{\mathrm{T}}$，$n$ 为正整数，则 $|2E-A^n|=$________.

【答案】$2(4-2^{n+1})$

【解析】由 $\boldsymbol{\alpha}^{\mathrm{T}}\boldsymbol{\alpha}=2$，$A=\boldsymbol{\alpha}\boldsymbol{\alpha}^{\mathrm{T}}$ 得，

$$A^2=\boldsymbol{\alpha}\boldsymbol{\alpha}^{\mathrm{T}}\boldsymbol{\alpha}\boldsymbol{\alpha}^{\mathrm{T}}=\boldsymbol{\alpha}(\boldsymbol{\alpha}^{\mathrm{T}}\boldsymbol{\alpha})\boldsymbol{\alpha}^{\mathrm{T}}=2\boldsymbol{\alpha}\boldsymbol{\alpha}^{\mathrm{T}}=2A,$$

归纳可得

$$A^n=2^{n-1}A=2^{n-1}\begin{pmatrix} 1 & 0 & -1 \\ 0 & 0 & 0 \\ -1 & 0 & 1 \end{pmatrix},$$

从而

$$2E-A^n=\begin{pmatrix} 2-2^{n-1} & 0 & 2^{n-1} \\ 0 & 2 & 0 \\ 2^{n-1} & 0 & 2-2^{n-1} \end{pmatrix},$$

所以

$$|2E-A^n|=2(4-2^{n+1}).$$

小结

先利用归纳法得到方阵的幂，计算出矩阵 $2E-A^n$ 的具体元素，再计算其行列式.

例7 设 A,B 均为 n 阶矩阵，且 $|A|=3$，$|B|=2$，A^* 和 B^* 分别是 A 和 B 的伴随矩阵，则 $|A^{-1}B^*-A^*B^{-1}|=$________.

【答案】$\dfrac{(-1)^n}{6}$

【解析】$|A^{-1}B^{*}-A^{*}B^{-1}|=|A^{-1}|B|B^{-1}-|A|A^{-1}B^{-1}|$

$$=|-A^{-1}B^{-1}|=(-1)^{n}\frac{1}{|A|}\frac{1}{|B|}=\frac{(-1)^{n}}{6}.$$

小结

形如$|A\pm B|$行列式的计算无通用公式,本题根据A^{*},考虑核心公式$AA^{*}=A^{*}A=|A|E$,从而有$A^{*}=|A|A^{-1}$.

例8 已知A是3阶矩阵,且$|A|=3$,则$|A-(A^{*})^{-1}|=$________.

【答案】$\frac{8}{9}$

【解析】$|A-(A^{*})^{-1}|=|A-(|A|A^{-1})^{-1}|=\left|A-\frac{A}{|A|}\right|=\left|\frac{2}{3}A\right|=\left(\frac{2}{3}\right)^{3}|A|=\frac{8}{9}$.

小结

见A^{*}想到核心公式$AA^{*}=A^{*}A=|A|E$,利用$A^{*}=|A|A^{-1}$化简,注意$(kA)^{-1}=\frac{1}{k}A^{-1}$.

例9 设3阶可逆矩阵A,交换A的第1列与第2列得到B,再将B的第2列乘以2加到第3列得到A^{*},则$|2A^{-1}A^{*}|=$________.

【答案】-8

【解析】由题意可得$A\begin{pmatrix}0&1&0\\1&0&0\\0&0&1\end{pmatrix}=B$,$B\begin{pmatrix}1&0&0\\0&1&2\\0&0&1\end{pmatrix}=A^{*}$,于是

$$A^{*}=A\begin{pmatrix}0&1&0\\1&0&0\\0&0&1\end{pmatrix}\begin{pmatrix}1&0&0\\0&1&2\\0&0&1\end{pmatrix}=A\begin{pmatrix}0&1&2\\1&0&0\\0&0&1\end{pmatrix},$$

又$2A^{-1}A^{*}=2A^{-1}A\begin{pmatrix}0&1&2\\1&0&0\\0&0&1\end{pmatrix}=2E\begin{pmatrix}0&1&2\\1&0&0\\0&0&1\end{pmatrix}=2\begin{pmatrix}0&1&2\\1&0&0\\0&0&1\end{pmatrix}$,所以

$$|2A^{-1}A^{*}|=\left|2\begin{pmatrix}0&1&2\\1&0&0\\0&0&1\end{pmatrix}\right|=2^{3}\begin{vmatrix}0&1&2\\1&0&0\\0&0&1\end{vmatrix}=-8.$$

小结

当A,A^{-1},A^{*}同时出现时,需要统一化为A或A^{-1}或A^{*}.矩阵的行列式要先作矩阵运算,再计算行列式.

例10 已知 A 是3阶方阵，$\boldsymbol{\alpha}_1,\boldsymbol{\alpha}_2,\boldsymbol{\alpha}_3$ 是3维线性无关的列向量组，$A\boldsymbol{\alpha}_1=\boldsymbol{\alpha}_1-\boldsymbol{\alpha}_2, A\boldsymbol{\alpha}_2=\boldsymbol{\alpha}_2-\boldsymbol{\alpha}_3, A\boldsymbol{\alpha}_3=\boldsymbol{\alpha}_3+\boldsymbol{\alpha}_1$，则 $|A|=$________.

【答案】2

【解析】设 $P=(\boldsymbol{\alpha}_1,\boldsymbol{\alpha}_2,\boldsymbol{\alpha}_3)$，因为 $\boldsymbol{\alpha}_1,\boldsymbol{\alpha}_2,\boldsymbol{\alpha}_3$ 是3维线性无关的列向量组，所以 P 可逆. 又

$$AP=A(\boldsymbol{\alpha}_1,\boldsymbol{\alpha}_2,\boldsymbol{\alpha}_3)=(A\boldsymbol{\alpha}_1,A\boldsymbol{\alpha}_2,A\boldsymbol{\alpha}_3)=(\boldsymbol{\alpha}_1-\boldsymbol{\alpha}_2,\boldsymbol{\alpha}_2-\boldsymbol{\alpha}_3,\boldsymbol{\alpha}_3+\boldsymbol{\alpha}_1)$$

$$=(\boldsymbol{\alpha}_1,\boldsymbol{\alpha}_2,\boldsymbol{\alpha}_3)\begin{pmatrix}1&0&1\\-1&1&0\\0&-1&1\end{pmatrix}=P\begin{pmatrix}1&0&1\\-1&1&0\\0&-1&1\end{pmatrix},$$

即可得 $P^{-1}AP=\begin{pmatrix}1&0&1\\-1&1&0\\0&-1&1\end{pmatrix}$，利用相似知 $|A|=\begin{vmatrix}1&0&1\\-1&1&0\\0&-1&1\end{vmatrix}=2$.

小结

向量组的问题转化为矩阵的运算，可以得到 A 与 $\begin{pmatrix}1&0&1\\-1&1&0\\0&-1&1\end{pmatrix}$ 相似，从而行列式相同.

三阶突破

例11 设 n 阶矩阵 A,B，且 $|A|=1$，$|B|=2$，$|A+B|=2$，则 $|(A^{-1}+B^{-1})^{-1}|=$________.

【答案】1

线索

利用单位矩阵作恒等变形.

【解析】因为 $|A|=1\neq 0$，$|B|=2\neq 0$，所以矩阵 A,B 可逆. 又

$$(A^{-1}+B^{-1})^{-1}=AA^{-1}(A^{-1}+B^{-1})^{-1}B^{-1}B=A[A^{-1}(A^{-1}+B^{-1})^{-1}B^{-1}]B$$

$$=A(BA^{-1}A+BB^{-1}A)^{-1}B=A(B+A)^{-1}B.$$

故 $|(A^{-1}+B^{-1})^{-1}|=|A(B+A)^{-1}B|=|A||B+A|^{-1}|B|=1$.

小结

求 $|A+B|$ 的行列式时，一般需要先利用单位矩阵的恒等变形将矩阵的加法运算化为乘法运算，再计算行列式.

例12 已知 n 阶行列式 $|A|=\begin{vmatrix}0&1&0&\cdots&0\\0&0&2&\cdots&0\\\vdots&\vdots&\vdots&&\vdots\\0&0&0&\cdots&n-1\\n&0&0&\cdots&0\end{vmatrix}$，则 $|A|$ 的第 k 行代数余子式

的和为________.

【答案】$\dfrac{(-1)^{n+1}n!}{k}$

线索

求第 k 行代数余子式的和，因为原矩阵中零元素较多，故可将原矩阵分块求其伴随矩阵，则伴随矩阵的第 k 列之和即为所求.

【解析】$\boldsymbol{A}^*=|\boldsymbol{A}|\boldsymbol{A}^{-1}=(-1)^{n+1}n!\begin{pmatrix}0&0&0&\cdots&0&\frac{1}{n}\\1&0&0&\cdots&0&0\\0&\frac{1}{2}&0&\cdots&0&0\\\vdots&\vdots&\vdots&&\vdots&\vdots\\0&0&0&\cdots&\frac{1}{n-1}&0\end{pmatrix}$，$\sum\limits_{i=1}^{n}A_{ki}=\dfrac{(-1)^{n+1}n!}{k}$.

小结

此题注意与题型三例 8 的解法区分.

例13 设 $\boldsymbol{A},\boldsymbol{B}$ 均为 3 阶方阵，$|\boldsymbol{A}|=-\dfrac{1}{2}$，$|\boldsymbol{B}|=3$，则 $\begin{vmatrix}\boldsymbol{O}&\boldsymbol{A}^{-1}\\(2\boldsymbol{B})^*&\boldsymbol{B}\end{vmatrix}=$________.

【答案】1152

线索

(1) 分块矩阵求行列式的方法，逆矩阵的行列式及伴随矩阵行列式的计算；(2) 注意符号与常数提取时的系数.

【解析】$\begin{vmatrix}\boldsymbol{O}&\boldsymbol{A}^{-1}\\(2\boldsymbol{B})^*&\boldsymbol{B}\end{vmatrix}=(-1)^{3\times3}|\boldsymbol{A}^{-1}||(2\boldsymbol{B})^*|=-\dfrac{1}{|\boldsymbol{A}|}|2\boldsymbol{B}|^2$

$=-(-2)2^6 3^2=1152.$

小结

抽象行列式的计算注意按行、按列分块；拉普拉斯行列式；矩阵分解.

例14 设 n 阶方阵 $\boldsymbol{A},\boldsymbol{B}$，且 $|\boldsymbol{A}|=a$，$|\boldsymbol{B}|=b$，$\boldsymbol{C}=\begin{pmatrix}5\boldsymbol{A}&-3\boldsymbol{A}^*\\\left(\frac{\boldsymbol{B}}{2}\right)^{-1}&\boldsymbol{O}\end{pmatrix}$，则 $|\boldsymbol{C}|=($　　$)$.

(A) $(-1)^{n^2-1}\dfrac{6a^{n-1}}{b}$

(B) $(-1)^{n^2}\left(\dfrac{3}{2}\right)^n\dfrac{a^{n-1}}{b}$

(C) $(-1)^{n^2+n}6^n\dfrac{a^{n-1}}{b}$

(D) $(-1)^{n^2+n}\left(\dfrac{3}{2}\right)^n\dfrac{a^{n-1}}{b}$

【答案】(C)

线索

分块矩阵行列式的计算，矩阵行列式的性质.

【解析】由题意可得

$$|\boldsymbol{C}|=\begin{vmatrix}5\boldsymbol{A} & -3\boldsymbol{A}^* \\ \left(\frac{\boldsymbol{B}}{2}\right)^{-1} & \boldsymbol{O}\end{vmatrix}=(-1)^{n^2}|-3\boldsymbol{A}^*|\left|\left(\frac{\boldsymbol{B}}{2}\right)^{-1}\right|$$

$$=(-1)^{n^2}(-3)^n|\boldsymbol{A}^*|2^n|\boldsymbol{B}^{-1}|$$

$$=(-1)^{n^2+n}6^n|\boldsymbol{A}|^{n-1}|\boldsymbol{B}|^{-1}=(-1)^{n^2+n}6^n\frac{a^{n-1}}{b},$$

故选(C).

小结

先利用特殊的分块矩阵的行列式的结论，再用矩阵行列式的性质进行计算.

题型5 行列式的应用

一阶溯源

例1 问 λ 取何值时，齐次线性方程组 $\begin{cases}(1-\lambda)x_1-2x_2+4x_3=0, \\ 2x_1+(3-\lambda)x_2+x_3=0, \\ x_1+x_2+(1-\lambda)x_3=0\end{cases}$ 有非零解？

线索

方程组 $\boldsymbol{Ax}=\boldsymbol{b}$ 解的判别：当系数矩阵为方阵时，考虑采用克拉默法则.

(1) 当 $|\boldsymbol{A}|=0$ 时 $\Leftrightarrow \boldsymbol{Ax}=\boldsymbol{b}$ 有非零解；

(2) 当 $|\boldsymbol{A}|\neq 0$ 时 $\Leftrightarrow \boldsymbol{Ax}=\boldsymbol{b}$ 只有非零解.

【解】$|\boldsymbol{A}|=\begin{vmatrix}1-\lambda & -2 & 4 \\ 2 & 3-\lambda & 1 \\ 1 & 1 & 1-\lambda\end{vmatrix}=\begin{vmatrix}1-\lambda & -2 & 4 \\ 2 & 3-\lambda & 1 \\ 1 & 1 & 1-\lambda\end{vmatrix}$

$$\xlongequal{r_1+r_3\cdot 2}\begin{vmatrix}3-\lambda & 0 & 6-2\lambda \\ 2 & 3-\lambda & 1 \\ 1 & 1 & 1-\lambda\end{vmatrix}=(3-\lambda)\begin{vmatrix}1 & 0 & 2 \\ 2 & 3-\lambda & 1 \\ 1 & 1 & 1-\lambda\end{vmatrix}$$

$$\xlongequal{c_3+c_1\cdot(-2)}(3-\lambda)\begin{vmatrix}1 & 0 & 0 \\ 2 & 3-\lambda & -3 \\ 1 & 1 & -1-\lambda\end{vmatrix}=\lambda(3-\lambda)(\lambda-2)=0,$$

故 $\lambda=0$ 或 2 或 3 时，方程组有非零解.

二阶提炼

例2 设 n 元线性方程组 $\boldsymbol{Ax}=\boldsymbol{b}$，其中

$$\boldsymbol{A}=\begin{pmatrix} a & -a & & & & \\ 1 & a & -a & & & \\ 1 & & a & -a & & \\ \vdots & & & \ddots & \ddots & \\ 1 & & & & a & -a \\ 1 & & & & & a \end{pmatrix},\boldsymbol{x}=\begin{pmatrix} x_1 \\ x_2 \\ \vdots \\ x_n \end{pmatrix},\boldsymbol{b}=\begin{pmatrix} a \\ 0 \\ \vdots \\ 0 \end{pmatrix}.$$

试问 a 满足什么条件时,该方程组有唯一解?并求 x_1.

【解】因为

$$|\boldsymbol{A}|\xlongequal{\Delta}D_n=\begin{vmatrix} a & -a & & & & \\ 1 & a & -a & & & \\ 1 & & a & -a & & \\ \vdots & & & \ddots & \ddots & \\ 1 & & & & a & -a \\ 1 & & & & & a \end{vmatrix}$$

$$\xlongequal{\text{按 } r_n \text{ 展开}}1\times(-1)^{n+1}(-a)^{n-1}+a(-1)^{n+n}D_{n-1},$$

整理得

$$\begin{aligned} D_n&=a^{n-1}+aD_{n-1}\\ &=a^{n-1}+a(a^{n-2}+aD_{n-2})=2a^{n-1}+a^2D_{n-2}\\ &=2a^{n-1}+a^2(a^{n-3}+aD_{n-3})=3a^{n-1}+a^3D_{n-3}. \end{aligned}$$

归纳可得

$$\begin{aligned} D_n&=(n-2)a^{n-1}+a^{n-2}D_2=(n-2)a^{n-1}+a^{n-2}(a^2+a)\\ &=a^n+(n-1)a^{n-1},n=1,2,\cdots. \end{aligned}$$

由克拉默法则可知,当 $|\boldsymbol{A}|\neq 0$ 时,即当 $a\neq 1-n$ 且 $a\neq 0$ 时,此方程组有唯一解,且

$$x_1=\frac{1}{|\boldsymbol{A}|}\begin{vmatrix} a & -a & & & & \\ 0 & a & -a & & & \\ 0 & & a & -a & & \\ \vdots & & & \ddots & \ddots & \\ 0 & & & & a & -a \\ 0 & & & & & a \end{vmatrix}=\frac{a^n}{a^{n-1}(a+n-1)}=\frac{a}{a+n-1}.$$

小结

对于 n 个方程,n 个未知数的线性方程组,可以先利用克拉默法则来判别解的情况.如果方程组的解唯一,还可以通过克拉默法则求出其唯一解.

例3 齐次线性方程组

$$\begin{cases} \lambda x_1+x_2+\lambda^2x_3=0,\\ x_1+\lambda x_2+x_3=0,\\ x_1+x_2+\lambda x_3=0 \end{cases}$$

的系数矩阵记为 $\boldsymbol{A}$. 若存在 3 阶方阵 $\boldsymbol{B} \neq \boldsymbol{O}$, 使得 $\boldsymbol{AB}=\boldsymbol{O}$, 则(　　).

(A) $\lambda=-2$ 且 $|\boldsymbol{B}|=0$　　(B) $\lambda=-2$ 且 $|\boldsymbol{B}| \neq 0$

(C) $\lambda=1$ 且 $|\boldsymbol{B}|=0$　　(D) $\lambda=1$ 且 $|\boldsymbol{B}| \neq 0$

【答案】(C)

【解析】系数行列式为 $|\boldsymbol{A}|=\begin{vmatrix}\lambda & 1 & \lambda^2 \\ 1 & \lambda & 1 \\ 1 & 1 & \lambda\end{vmatrix}=(1-\lambda)^2$, 且 $R(\boldsymbol{A}) \geqslant 1$. 由 $\boldsymbol{B} \neq \boldsymbol{O}$ 知, $R(\boldsymbol{B}) \geqslant 1$. 因为 $\boldsymbol{AB}=\boldsymbol{O}$, 所以 $R(\boldsymbol{A})+R(\boldsymbol{B}) \leqslant 3$, 从而可知 $R(\boldsymbol{A})<3$ 且 $R(\boldsymbol{B})<3$, 即有 $\lambda=1$, $|\boldsymbol{B}|=0$.

故选(C).

小结

对于 n 个方程, n 个未知数的线性方程组, 可以先利用克拉默法则求出其系数行列式, 利用行列式是否等于零来判别其秩的情况, 再结合秩的性质进行判定.

例4 (仅数一) 已知三维空间的三个点

$$A(x_1, y_1, z_1), B(x_2, y_2, z_2), C(x_3, y_3, z_3),$$

(1) 求以 A, B, C 为顶点的三角形的面积;

(2) A, B, C 三点共线的充要条件.

【解】(1) $\overrightarrow{AB} \times \overrightarrow{AC}=\begin{vmatrix}\boldsymbol{i} & \boldsymbol{j} & \boldsymbol{k} \\ x_2-x_1 & y_2-y_1 & z_2-z_1 \\ x_3-x_1 & y_3-y_1 & z_3-z_1\end{vmatrix}$

$$=\begin{vmatrix}y_2-y_1 & z_2-z_1 \\ y_3-y_1 & z_3-z_1\end{vmatrix}\boldsymbol{i}+\begin{vmatrix}z_2-z_1 & x_2-x_1 \\ z_3-z_1 & x_3-x_1\end{vmatrix}\boldsymbol{j}+\begin{vmatrix}x_2-x_1 & y_2-y_1 \\ x_3-x_1 & y_3-y_1\end{vmatrix}\boldsymbol{k}$$

$$=a\boldsymbol{i}+b\boldsymbol{j}+c\boldsymbol{k}.$$

故 $S_{\triangle ABC}=\dfrac{1}{2}|\overrightarrow{AB} \times \overrightarrow{AC}|=\dfrac{1}{2}\sqrt{a^2+b^2+c^2}$.

(2) A, B, C 三点共线 $\Leftrightarrow S_{\triangle ABC}=0 \Leftrightarrow \overrightarrow{AB} \times \overrightarrow{AC}=0$, 即

$$\begin{vmatrix}\boldsymbol{i} & \boldsymbol{j} & \boldsymbol{k} \\ x_2-x_1 & y_2-y_1 & z_2-z_1 \\ x_3-x_1 & y_3-y_1 & z_3-z_1\end{vmatrix}=0.$$

小结

三维空间的三个点 $A(x_1, y_1, z_1), B(x_2, y_2, z_2), C(x_3, y_3, z_3)$ 围成的三角形面积为 $S_{\triangle ABC}=\dfrac{1}{2}|\overrightarrow{AB} \times \overrightarrow{AC}|$.

例5 设 $\boldsymbol{A}$ 是 3 阶可逆矩阵, $\boldsymbol{A}^{-1}$ 的特征值为 1,2,3, 则 $|\boldsymbol{A}|$ 的代数余子式 A_{11}, A_{22}, A_{33} 之和为________.

【答案】1

【解析】由 $\boldsymbol{A}^{-1}$ 的特征值为 1,2,3 得 $\boldsymbol{A}$ 的特征值为$\frac{1}{1},\frac{1}{2},\frac{1}{3}$,故

$$|\boldsymbol{A}|=\frac{1}{6}.$$

由 $\boldsymbol{A}^{-1}\boldsymbol{\alpha}=\lambda\boldsymbol{\alpha}$,两边乘以 $|\boldsymbol{A}|=\frac{1}{6}$,有

$$|\boldsymbol{A}|\boldsymbol{A}^{-1}\boldsymbol{\alpha}=\frac{1}{6}\lambda\boldsymbol{\alpha}.$$

故 $\boldsymbol{A}^*$ 的特征值为$\frac{1}{6},\frac{1}{3},\frac{1}{2}$,即 $\boldsymbol{A}^*$ 有三个不同的特征值.故

$$\boldsymbol{A}^*\sim\boldsymbol{\Lambda}=\begin{pmatrix}\frac{1}{6}&&\\&\frac{1}{3}&\\&&\frac{1}{2}\end{pmatrix}.$$

又相似矩阵有相同的迹,则 $\operatorname{tr}(\boldsymbol{A}^*)=\operatorname{tr}(\boldsymbol{\Lambda})$,即

$$A_{11}+A_{22}+A_{33}=\frac{1}{6}+\frac{1}{3}+\frac{1}{2}=1.$$

小结

求 $A_{11}+A_{22}+A_{33}$ 相当于求 $\operatorname{tr}(\boldsymbol{A}^*)$,由特征值的信息想到利用相似的结论来处理,由 $\boldsymbol{A}$ 的特征值的信息,可得 $\boldsymbol{A}^{-1},\boldsymbol{A}^*$ 的特征值的信息,且 $|\boldsymbol{A}|=\lambda_1\lambda_2\lambda_3$,同时记住相似的结论:若 $\boldsymbol{A}\sim\boldsymbol{B}$,则

$$\begin{cases}(1)\operatorname{tr}(\boldsymbol{A})=\operatorname{tr}(\boldsymbol{B}).\\(2)|\boldsymbol{A}|=|\boldsymbol{B}|.\\(3)|\lambda\boldsymbol{E}-\boldsymbol{A}|=|\lambda\boldsymbol{E}-\boldsymbol{B}|.\\(4)\lambda\boldsymbol{A}=\lambda\boldsymbol{B}.\\(5)R(\boldsymbol{A})=R(\boldsymbol{B}).\\(6)\boldsymbol{A}+k\boldsymbol{E}\sim\boldsymbol{B}+k\boldsymbol{E}.\\(7)\boldsymbol{A}^{\mathrm{T}}\sim\boldsymbol{B}^{\mathrm{T}}.\\(8)\boldsymbol{A}^n\sim\boldsymbol{B}^n.\\(9)\boldsymbol{A}^*\sim\boldsymbol{B}^*.\\(10)\boldsymbol{A}^{-1}\sim\boldsymbol{B}^{-1}.\end{cases}$$

例6 若 $\boldsymbol{A},\boldsymbol{B}$ 均为 n 阶正交阵,且 $|\boldsymbol{A}|+|\boldsymbol{B}|=0$,试证 $|\boldsymbol{A}+\boldsymbol{B}|=0$.

【证明】由 $|\boldsymbol{A}|+|\boldsymbol{B}|=0$ 得

$$|\boldsymbol{B}|=-|\boldsymbol{A}|.$$

由 A,B 为 n 阶正交矩阵得

$$|A|^2=1,A^{-1}=A^T,B^{-1}=B^T.$$

故 $|A+B|=|AE+EB|=|AB^{-1}B+AA^{-1}B|=|A||B^{-1}+A^{-1}||B|$

$$=-|A|^2|B^{-1}+A^{-1}|=-|A|^2|A^T+B^T|=-|A+B|,$$

即 $|A+B|=0$.

小结

证明 $|A|=0$ 的方法：

(1) 反证法；

(2) $Ax=0$ 有非零解(A 为方阵)；

(3) $R(A)<n$；

(4) 0 是特征值；

(5) $|A|=-|A|$.

三阶突破

例7 设 A,B 是 3 阶矩阵，α,β 是 3 维线性无关的列向量组. 已知 A 与 B 相似，且 $|B|=0$，$A\alpha=\beta$，$A\beta=\alpha$，则 $|A+4B+2AB+2E|=$________.

【答案】-18

线索

矩阵的加法转化为矩阵的乘法.

【解析】因为 $|B|=0$，所以 0 是矩阵 B 的特征值.

又根据 $A\alpha=\beta$ 与 $A\beta=\alpha$ 两式分别相加和相减可得

$$A(\alpha+\beta)=\alpha+\beta,A(\alpha-\beta)=-(\alpha-\beta).$$

因为 α,β 是 3 维线性无关的列向量组，所以 $\alpha+\beta,\alpha-\beta$ 线性无关，从而 1 和 -1 都是矩阵 A 的特征值.

由 A 与 B 相似，故 A 与 B 的特征值均为 $0,1,-1$. 再利用特征值的性质可得 $A+2E$ 的特征值为 $2,3,1$，$E+2B$ 的特征值为 $1,3,-1$，故

$$|A+2E|=6,\ |E+2B|=-3.$$

又

$$A+4B+2AB+2E=A+2AB+2E+4B=(A+2E)(E+2B),$$

所以

$$|A+4B+2AB+2E|=|A+2E||E+2B|=-18.$$

小结

将矩阵加法转化为乘法，利用相似矩阵具有相同的特征值且矩阵的行列式等于其所有特征值的乘积来求行列式.

例8 设 $\boldsymbol{A}$ 是 3 阶矩阵，$\boldsymbol{\alpha}$ 是 3 维列向量，$\boldsymbol{P}=(\boldsymbol{\alpha},\boldsymbol{A\alpha},\boldsymbol{A}^2\boldsymbol{\alpha})$ 为可逆矩阵，$\boldsymbol{B}=\boldsymbol{P}^{-1}\boldsymbol{AP}$，$\boldsymbol{A}^3\boldsymbol{\alpha}+2\boldsymbol{A}^2\boldsymbol{\alpha}=3\boldsymbol{A\alpha}$，则 $|\boldsymbol{A}-\boldsymbol{E}|=$________.

【答案】0

线索

相似矩阵的性质.

【解析】$\boldsymbol{AP}=\boldsymbol{A}(\boldsymbol{\alpha},\boldsymbol{A\alpha},\boldsymbol{A}^2\boldsymbol{\alpha})=(\boldsymbol{A\alpha},\boldsymbol{A}^2\boldsymbol{\alpha},\boldsymbol{A}^3\boldsymbol{\alpha})=(\boldsymbol{A\alpha},\boldsymbol{A}^2\boldsymbol{\alpha},3\boldsymbol{A\alpha}-2\boldsymbol{A}^2\boldsymbol{\alpha})$

$$=(\boldsymbol{\alpha},\boldsymbol{A\alpha},\boldsymbol{A}^2\boldsymbol{\alpha})\begin{pmatrix}0&0&0\\1&0&3\\0&1&-2\end{pmatrix}=\boldsymbol{P}\begin{pmatrix}0&0&0\\1&0&3\\0&1&-2\end{pmatrix}.$$

可以得到

$$\boldsymbol{P}^{-1}\boldsymbol{AP}=\begin{pmatrix}0&0&0\\1&0&3\\0&1&-2\end{pmatrix}=\boldsymbol{B},$$

故 $\boldsymbol{A}$ 与 $\boldsymbol{B}$ 相似，从而 $\boldsymbol{A}-\boldsymbol{E}$ 与 $\boldsymbol{B}-\boldsymbol{E}$ 相似，则

$$|\boldsymbol{A}-\boldsymbol{E}|=|\boldsymbol{B}-\boldsymbol{E}|=\begin{vmatrix}-1&0&0\\1&-1&3\\0&1&-3\end{vmatrix}=0.$$

小结

先求出矩阵 $\boldsymbol{B}$，再利用相似矩阵的性质可得 $|\boldsymbol{A}-\boldsymbol{E}|=|\boldsymbol{B}-\boldsymbol{E}|$.

例9 设 $\boldsymbol{A}$ 是 3 阶矩阵，且满足 $|\boldsymbol{A}-\boldsymbol{E}|=|\boldsymbol{A}-2\boldsymbol{E}|=|\boldsymbol{A}+\boldsymbol{E}|=a$，其中 $\boldsymbol{E}$ 是 3 阶单位矩阵.

(1) 当 $a=0$ 时，求 $|\boldsymbol{A}+3\boldsymbol{E}|$；

(2) 当 $a=2$ 时，求 $|\boldsymbol{A}+3\boldsymbol{E}|$.

线索

矩阵行列式等于其所有特征值的乘积.

【解】(1) 当 $a=0$ 时，由 $|\boldsymbol{A}-\boldsymbol{E}|=|\boldsymbol{A}-2\boldsymbol{E}|=|\boldsymbol{A}+\boldsymbol{E}|=0$ 可得矩阵 $\boldsymbol{A}$ 的特征值为 1，2，-1，从而 $\boldsymbol{A}+3\boldsymbol{E}$ 的特征值为 4，5，2，从而

$$|\boldsymbol{A}+3\boldsymbol{E}|=4\times5\times2=40.$$

(2) 当 $a=2$ 时，设 $f(\lambda)=|\lambda\boldsymbol{E}-\boldsymbol{A}|$ 是 $\boldsymbol{A}$ 的特征多项式，$g(\lambda)=f(\lambda)+2$，则

$$g(1)=f(1)+2=|\boldsymbol{E}-\boldsymbol{A}|+2=0,$$

$$g(2)=f(2)+2=|2\boldsymbol{E}-\boldsymbol{A}|+2=0,$$

$$g(-1)=f(-1)+2=|-\boldsymbol{E}-\boldsymbol{A}|+2=0.$$

故

$$g(\lambda)=(\lambda-1)(\lambda-2)(\lambda+1)=\lambda^3-2\lambda^2-\lambda+2,$$

由此得

$$f(\lambda)=g(\lambda)-2=\lambda^3-2\lambda^2-\lambda.$$

令 $f(\lambda)=0$ 可得 $\boldsymbol{A}$ 的特征值为 $0,1+\sqrt{2},1-\sqrt{2}$，从而 $\boldsymbol{A}+3\boldsymbol{E}$ 的特征值为 $3,4+\sqrt{2},4-\sqrt{2}$，故

$$|\boldsymbol{A}+3\boldsymbol{E}|=3\times(4+\sqrt{2})\times(4-\sqrt{2})=42.$$

小结

先求出矩阵的特征值，再计算其行列式.

专项突破小练

行列式——学情测评(A)

一、选择题

1. 已知 $\boldsymbol{\alpha}_1,\boldsymbol{\alpha}_2,\boldsymbol{\alpha}_3,\boldsymbol{\beta},\boldsymbol{\gamma}$ 均为 4 维列向量，若 $|\boldsymbol{\alpha}_1,\boldsymbol{\alpha}_2,\boldsymbol{\alpha}_3,\boldsymbol{\gamma}|=a$，$|\boldsymbol{\beta}+\boldsymbol{\gamma},\boldsymbol{\alpha}_1,\boldsymbol{\alpha}_2,\boldsymbol{\alpha}_3|=b$，那么 $|2\boldsymbol{\beta},\boldsymbol{\alpha}_3,\boldsymbol{\alpha}_2,\boldsymbol{\alpha}_1|=($　　$)$.

(A) $2a-b$　　(B) $2b-a$

(C) $-2a-2b$　　(D) $-2a+2b$

2. 设 n 阶方阵 $\boldsymbol{A},\boldsymbol{B}$，则 $\left|(-3)\begin{pmatrix}\boldsymbol{A}^{-1} & \boldsymbol{O}\\ \boldsymbol{O} & \boldsymbol{B}^{\mathrm{T}}\end{pmatrix}\right|=($　　$)$.

(A) $(-3)|\boldsymbol{A}|^{-1}|\boldsymbol{B}|$　　(B) $(-3)^n|\boldsymbol{A}|^{-1}|\boldsymbol{B}|$

(C) $(-3)^n|\boldsymbol{A}||\boldsymbol{B}|$　　(D) $9^n|\boldsymbol{A}|^{-1}|\boldsymbol{B}|$

3. 三元一次方程组 $\begin{cases}x_1+x_2+x_3=1,\\ 2x_1-x_2+3x_3=4,\\ 4x_1+x_2+9x_3=16\end{cases}$ 的解中，未知数 x_2 的值必为(　　).

(A) 1　　(B) $\dfrac{5}{2}$　　(C) $\dfrac{7}{3}$　　(D) $\dfrac{1}{6}$

4. 设 $\boldsymbol{A}$ 是 $m\times n$ 矩阵，$\boldsymbol{B}$ 是 $n\times m$ 矩阵，且 $n>m$，则必有(　　).

(A) $|\boldsymbol{AB}|=0$　　(B) $|\boldsymbol{BA}|=0$

(C) $|\boldsymbol{AB}|=|\boldsymbol{BA}|$　　(D) $||\boldsymbol{AB}|\boldsymbol{AB}|=|\boldsymbol{AB}||\boldsymbol{AB}|$

二、填空题

5. 设 3 阶方阵 $\boldsymbol{A}$ 满足 $\boldsymbol{A}^2+2\boldsymbol{A}-3\boldsymbol{E}=\boldsymbol{O}$，$|\boldsymbol{A}|=-3$，则 $|2\boldsymbol{A}-\boldsymbol{E}|=$________.

6. 设 3 阶方阵 $\boldsymbol{A}$ 的特征值是为 $1,-1,2$，则 $\left||\boldsymbol{A}|\begin{pmatrix}\boldsymbol{O} & \boldsymbol{A}^*\\ -2\boldsymbol{E} & \boldsymbol{A}\end{pmatrix}\right|=$________.

7. 设 $\boldsymbol{B}$ 是 3 阶正交矩阵，且 $|\boldsymbol{B}|<0$，$\boldsymbol{A}$ 是 3 阶矩阵，且 $|\boldsymbol{A}-\boldsymbol{B}|=6$，则 $|\boldsymbol{E}-\boldsymbol{B}\boldsymbol{A}^{\mathrm{T}}|$ $=$ ________.

三、解答题

8. 计算 $D_n=\begin{vmatrix} x_1-m & x_2 & \cdots & x_n \\ x_1 & x_2-m & \cdots & x_n \\ \vdots & \vdots & & \vdots \\ x_1 & x_2 & \cdots & x_n-m \end{vmatrix}$.

9. 求行列式 $\begin{vmatrix} 0 & 1 & 0 & 0 & \cdots & 0 \\ 0 & 0 & 2^{-1} & 0 & \cdots & 0 \\ 0 & 0 & 0 & 3^{-1} & \cdots & 0 \\ \vdots & \vdots & \vdots & \vdots & & \vdots \\ 0 & 0 & 0 & 0 & \cdots & (n-1)^{-1} \\ n^{-1} & 0 & 0 & 0 & \cdots & 0 \end{vmatrix}$ 的全部代数余子式之和.

10. 设实对称矩阵 $\boldsymbol{A}=\begin{pmatrix} 0 & a_{12} & a_{13} & a_{14} \\ a_{12} & 0 & a_{23} & a_{24} \\ a_{13} & a_{23} & 0 & a_{34} \\ a_{14} & a_{24} & a_{34} & 0 \end{pmatrix}$，$\boldsymbol{B}=\begin{pmatrix} 0 & 0 & 0 & 0 \\ 0 & 0 & 0 & 0 \\ 0 & 0 & k & 0 \\ 0 & 0 & 0 & l \end{pmatrix}$，且 $R(\boldsymbol{A})=4$，$kl\neq 0$.

(1) 计算 $|\boldsymbol{AB}+\boldsymbol{E}|$，并指出 $\boldsymbol{A}$ 中元素满足什么条件时，矩阵 $\boldsymbol{AB}+\boldsymbol{E}$ 可逆；

(2) 当矩阵 $\boldsymbol{AB}+\boldsymbol{E}$ 可逆时，证明：$(\boldsymbol{AB}+\boldsymbol{E})^{-1}\boldsymbol{A}$ 为实对称矩阵.

11. 设矩阵 $\boldsymbol{A}=\begin{pmatrix} 2 & 1 & 0 \\ 1 & 2 & 0 \\ 0 & 0 & 1 \end{pmatrix}$，矩阵 $\boldsymbol{B}$ 满足 $\boldsymbol{ABA}^*=2\boldsymbol{BA}^*+\boldsymbol{E}$，其中 $\boldsymbol{A}^*$ 为 $\boldsymbol{A}$ 的伴随矩阵，$\boldsymbol{E}$ 是单位矩阵，求 $|\boldsymbol{B}|$.

行列式——学情测评(B)

一、选择题

1. 设 $\boldsymbol{\alpha}_1,\boldsymbol{\alpha}_2,\boldsymbol{\alpha}_3$ 是 3 维列向量，则与 $|\boldsymbol{\alpha}_1,\boldsymbol{\alpha}_2,\boldsymbol{\alpha}_3|$ 相等的行列式为(　　).

(A) $|\boldsymbol{\alpha}_1,\boldsymbol{\alpha}_1+\boldsymbol{\alpha}_2,\boldsymbol{\alpha}_1+\boldsymbol{\alpha}_2+\boldsymbol{\alpha}_3|$　　(B) $|\boldsymbol{\alpha}_3,\boldsymbol{\alpha}_2,\boldsymbol{\alpha}_1|$

(C) $|\boldsymbol{\alpha}_1+\boldsymbol{\alpha}_2,\boldsymbol{\alpha}_2+\boldsymbol{\alpha}_3,\boldsymbol{\alpha}_3+\boldsymbol{\alpha}_1|$　　(D) $|\boldsymbol{\alpha}_3,\boldsymbol{\alpha}_1,-\boldsymbol{\alpha}_2|$

2. 设矩阵 $\boldsymbol{A}=\begin{pmatrix} 1 & 0 & 2 & 0 \\ 0 & -2 & 0 & 0 \\ -1 & 0 & 1 & 0 \\ 0 & 0 & 0 & 1 \end{pmatrix}$ 与矩阵 $\boldsymbol{B}$ 满足 $\boldsymbol{AB}+\boldsymbol{B}+\boldsymbol{A}+2\boldsymbol{E}=\boldsymbol{O}$，则 $|\boldsymbol{B}+\boldsymbol{E}|=$(　　).

(A) -6　　(B) 6　　(C) $-\dfrac{1}{12}$　　(D) $\dfrac{1}{12}$

3. 设 $\boldsymbol{A},\boldsymbol{B}$ 是 n 阶矩阵，则下列结论正确的是（　　）.

(A) $|\boldsymbol{A}+\boldsymbol{B}|=|\boldsymbol{A}|+|\boldsymbol{B}|$　　(B) 若 $|\boldsymbol{AB}|=0$，则 $\boldsymbol{A}=\boldsymbol{O}$ 或 $\boldsymbol{B}=\boldsymbol{O}$

(C) $|\boldsymbol{A}-\boldsymbol{B}|=|\boldsymbol{A}|-|\boldsymbol{B}|$　　(D) $|\boldsymbol{AB}|=|\boldsymbol{A}||\boldsymbol{B}|$

4. 已知 $2n$ 阶行列式 D 的某一列元素及其余子式都等于 a，则 $D=$（　　）.

(A)0　　(B)a^2　　(C)$-a^2$　　(D)na^2

二、填空题

5. 计算 $\begin{vmatrix} x & -1 & 0 & 0 \\ 0 & x & -1 & 0 \\ 0 & 0 & x & -1 \\ 4 & 3 & 2 & 1 \end{vmatrix}=$________.

6. 设 $\begin{vmatrix} 1 & 2 & 3 \\ b & 1 & a \\ 3 & 1 & 2 \end{vmatrix}=0$，且 $M_{11}+M_{12}+M_{13}=11$，其中 M_{ij} 是行列式中元素 a_{ij} 的余子式，则 $a=$________，$b=$________.

7. 计算 $\begin{vmatrix} 1 & 2 & 3 & \cdots & n-1 & n \\ -1 & 1 & 0 & \cdots & 0 & 0 \\ 0 & -1 & 1 & \cdots & 0 & 0 \\ \vdots & \vdots & \vdots & & \vdots & \vdots \\ 0 & 0 & 0 & \cdots & -1 & 1 \end{vmatrix}=$________.

8. 设 $\boldsymbol{A},\boldsymbol{B}$ 是 3 阶矩阵，$\boldsymbol{A}$ 与 $\boldsymbol{B}$ 相似，且 $\lambda_1=1,\lambda_2=2$ 为 $\boldsymbol{A}$ 的两个特征值，$|\boldsymbol{B}|=2$，则 $\begin{vmatrix} (\boldsymbol{A}+\boldsymbol{E})^{-1} & \boldsymbol{O} \\ \boldsymbol{O} & (2\boldsymbol{B})^* \end{vmatrix}=$________.

三、解答题

9. 计算 $D=\begin{vmatrix} 1+a^2-b^2-c^2 & 2(ab+c) & 2(ca-b) \\ 2(ab-c) & 1+b^2-c^2-a^2 & 2(bc+a) \\ 2(ac+b) & 2(bc-a) & 1+c^2-a^2-b^2 \end{vmatrix}$.

10. 若 a,b,c,d,e,f 皆为实数，试证

$$D=\begin{vmatrix} 0 & a & b & c \\ -a & 0 & d & e \\ -b & -d & 0 & f \\ -c & -e & -f & 0 \end{vmatrix}$$

的值是非负的.

11. 已知 $\boldsymbol{A}$ 是 3 阶矩阵，$\boldsymbol{\alpha}_1,\boldsymbol{\alpha}_2,\boldsymbol{\alpha}_3$ 是 3 维线性无关的列向量，若 $\boldsymbol{A\alpha}_1=\boldsymbol{\alpha}_2+\boldsymbol{\alpha}_3,\boldsymbol{A\alpha}_2=\boldsymbol{\alpha}_1+\boldsymbol{\alpha}_3,\boldsymbol{A\alpha}_3=\boldsymbol{\alpha}_1+\boldsymbol{\alpha}_2+\boldsymbol{\alpha}_3$，求 $|\boldsymbol{A}^*|$.

12. 设 n 元线性方程组 $\boldsymbol{Ax}=\boldsymbol{b}$，其中

$$\boldsymbol{A}=\begin{pmatrix}1 & a & a & \cdots & a\\ c & 1 & & & \\ c & & 1 & & \\ \vdots & & & \ddots & \\ c & & & & 1\end{pmatrix},\boldsymbol{x}=\begin{pmatrix}x_1\\ x_2\\ \vdots\\ x_n\end{pmatrix},\boldsymbol{b}=\begin{pmatrix}1\\ 1\\ \vdots\\ 1\end{pmatrix}.$$

试问 a,c 满足什么条件时,该方程组有唯一解?并求 x_1,x_n.

矩 阵

知识点指引

(一)矩阵的运算

1. 矩阵的定义

由 $m \times n$ 个数排成 m 行 n 列的一个数表称为一个 $m \times n$ 矩阵,通常记 $\boldsymbol{A}_{m\times n}=(a_{ij})_{m\times n}$.

2. 矩阵的加法

设 $\boldsymbol{A}=(a_{ij})_{m\times n}$ 和 $\boldsymbol{B}=(b_{ij})_{m\times n}$,则 $\boldsymbol{A}+\boldsymbol{B}=(a_{ij}+b_{ij})_{m\times n}$.

3. 矩阵的数量乘法

设 $\boldsymbol{A}=(a_{ij})_{m\times n}$,$k$ 是任意数,则 $k\boldsymbol{A}=(ka_{ij})_{m\times n}$.

4. 矩阵的乘法

(1) 矩阵乘法的计算

设 $\boldsymbol{A}=(a_{ij})_{m\times n}$ 和 $\boldsymbol{B}=(b_{ij})_{n\times s}$,则 $\boldsymbol{C}=(c_{ij})_{m\times s}$,其中

$$c_{ij}=a_{i1}b_{1j}+a_{i2}b_{2j}+\cdots+a_{in}b_{nj}=\sum_{k=1}^{n}a_{ik}b_{kj},$$

即矩阵 $\boldsymbol{C}=\boldsymbol{AB}$ 的第 i 行第 j 列元素 c_{ij} 是 $\boldsymbol{A}$ 的第 i 行 n 个元素与 $\boldsymbol{B}$ 的第 j 列相应的 n 个元素分别相乘的乘积之和.

(2) 矩阵乘法的运算性质

矩阵乘法与数的乘法不同:

1) 矩阵乘法一般不满足交换律,即一般 $\boldsymbol{AB}\neq\boldsymbol{BA}$.

2) 矩阵乘法一般不满足消去律,即由 $\boldsymbol{AB}=\boldsymbol{O}$,不能推出 $\boldsymbol{A}=\boldsymbol{O}$ 或 $\boldsymbol{B}=\boldsymbol{O}$;由 $\boldsymbol{AB}=\boldsymbol{AC}$,不能推出 $\boldsymbol{B}=\boldsymbol{C}$.

矩阵乘法满足结合律和分配律:

1) 结合律 $(\boldsymbol{AB})\boldsymbol{C}=\boldsymbol{A}(\boldsymbol{BC})$.

2) 数乘结合律 $k(\boldsymbol{AB})=(k\boldsymbol{A})\boldsymbol{B}=\boldsymbol{A}(k\boldsymbol{B})$,其中 k 是常数.

3) 左分配律 $\boldsymbol{C}(\boldsymbol{A}+\boldsymbol{B})=\boldsymbol{CA}+\boldsymbol{CB}$.

4) 右分配律 $(\boldsymbol{A}+\boldsymbol{B})\boldsymbol{C}=\boldsymbol{AC}+\boldsymbol{BC}$.

5. 矩阵的转置

$\boldsymbol{A}=(a_{ij})_{m\times n}$ 的转置矩阵 $\boldsymbol{A}^{\mathrm{T}}=(a_{ji})_{n\times m}$.

矩阵的转置也是一种运算,满足运算律:

(1) $(\boldsymbol{A}^{\mathrm{T}})^{\mathrm{T}}=\boldsymbol{A}$.

(2)$(\boldsymbol{A}+\boldsymbol{B})^{\mathrm{T}}=\boldsymbol{A}^{\mathrm{T}}+\boldsymbol{B}^{\mathrm{T}}$.

(3)$(k\boldsymbol{A})^{\mathrm{T}}=k\boldsymbol{A}^{\mathrm{T}}$($k$ 为任意实数).

(4)$(\boldsymbol{AB})^{\mathrm{T}}=\boldsymbol{B}^{\mathrm{T}}\boldsymbol{A}^{\mathrm{T}}$.

(5) 若 $\boldsymbol{A}=\begin{pmatrix}\boldsymbol{A}_1 & \boldsymbol{A}_2\\ \boldsymbol{A}_3 & \boldsymbol{A}_4\end{pmatrix}$,则 $\boldsymbol{A}^{\mathrm{T}}=\begin{pmatrix}\boldsymbol{A}_1^{\mathrm{T}} & \boldsymbol{A}_3^{\mathrm{T}}\\ \boldsymbol{A}_2^{\mathrm{T}} & \boldsymbol{A}_4^{\mathrm{T}}\end{pmatrix}$.

(二) 伴随矩阵

1. 伴随矩阵的定义

n 阶矩阵 $\boldsymbol{A}=\begin{pmatrix}a_{11} & a_{12} & \cdots & a_{1n}\\ a_{21} & a_{22} & \cdots & a_{2n}\\ \vdots & \vdots & & \vdots\\ a_{n1} & a_{n2} & \cdots & a_{nn}\end{pmatrix}$,则 $\boldsymbol{A}$ 的伴随矩阵为

$$\boldsymbol{A}^{*}=\begin{pmatrix}A_{11} & A_{21} & \cdots & A_{n1}\\ A_{12} & A_{22} & \cdots & A_{n2}\\ \vdots & \vdots & & \vdots\\ A_{1n} & A_{2n} & \cdots & A_{nn}\end{pmatrix},$$

其中 A_{ij} 是行列式 $|\boldsymbol{A}|$ 中元素 a_{ij} 的代数余子式.

2. 伴随矩阵的性质

$\boldsymbol{A}$,$\boldsymbol{B}$ 均为 n 阶矩阵,则

(1)$\boldsymbol{AA}^{*}=\boldsymbol{A}^{*}\boldsymbol{A}=|\boldsymbol{A}|\boldsymbol{E}_n$.

(2)$|\boldsymbol{A}^{*}|=|\boldsymbol{A}|^{n-1}$.

(3)$(k\boldsymbol{A})^{*}=k^{n-1}\boldsymbol{A}^{*}(k\neq 0)$.

(4)$(\boldsymbol{AB})^{*}=\boldsymbol{B}^{*}\boldsymbol{A}^{*}$.

(5)$(\boldsymbol{A}^{*})^{\mathrm{T}}=(\boldsymbol{A}^{\mathrm{T}})^{*}$.

(6)$(\boldsymbol{A}^{*})^{*}=|\boldsymbol{A}|^{n-2}\boldsymbol{A}$($\boldsymbol{A}$ 为可逆矩阵).

(7)$R(\boldsymbol{A}^{*})=\begin{cases}n, & R(\boldsymbol{A})=n,\\ 1, & R(\boldsymbol{A})=n-1,\\ 0, & R(\boldsymbol{A})<n-1.\end{cases}$

(三) 可逆矩阵

1. 可逆矩阵的定义

设 $\boldsymbol{A}$ 为 n 阶矩阵,若存在 $\boldsymbol{B}$ 矩阵,使得 $\boldsymbol{AB}=\boldsymbol{E}$(或 $\boldsymbol{BA}=\boldsymbol{E}$),称 $\boldsymbol{A}$ 可逆,$\boldsymbol{B}$ 为 $\boldsymbol{A}$ 的逆矩阵,记 $\boldsymbol{B}=\boldsymbol{A}^{-1}$.

2. 可逆矩阵的充要条件

矩阵 $\boldsymbol{A}$ 可逆的充要条件是 $|\boldsymbol{A}|\neq 0$.

3. 可逆矩阵的性质

(1) 若 $\boldsymbol{A}$ 可逆,则 $\boldsymbol{A}^{-1}$ 亦可逆,且 $(\boldsymbol{A}^{-1})^{-1}=\boldsymbol{A}$.

(2) 若 $\boldsymbol{A}$ 可逆，实数 $k \neq 0$，则 $k\boldsymbol{A}$ 可逆，且 $(k\boldsymbol{A})^{-1} = \frac{1}{k}\boldsymbol{A}^{-1}$.

(3) 若 $\boldsymbol{A},\boldsymbol{B}$ 为同阶矩阵且均可逆，则 $\boldsymbol{AB}$ 可逆，且 $(\boldsymbol{AB})^{-1} = \boldsymbol{B}^{-1}\boldsymbol{A}^{-1}$.

(4) 若 $\boldsymbol{A}$ 可逆，则 $\boldsymbol{A}^*$ 可逆，且 $(\boldsymbol{A}^*)^{-1} = (\boldsymbol{A}^{-1})^* = \frac{\boldsymbol{A}}{|\boldsymbol{A}|}$.

(5) 若 $\boldsymbol{A}$ 可逆，则 $\boldsymbol{A}^{\mathrm{T}}$ 可逆，且 $(\boldsymbol{A}^{\mathrm{T}})^{-1} = (\boldsymbol{A}^{-1})^{\mathrm{T}}$.

(6) 若 $\boldsymbol{A}$ 可逆，则 $|\boldsymbol{A}^{-1}| = |\boldsymbol{A}|^{-1}$.

(四) 初等变换和初等矩阵

1. 初等变换

三种初等行(列)变换：

(1) $r_i \leftrightarrow r_j$ 或 $c_i \leftrightarrow c_j$.

(2) kr_j 或 kc_i，$k \neq 0$.

(3) $r_j + kr_i$ 或 $c_i + kc_j$.

初等行变换和初等列变换统称为矩阵的初等变换.

2. 初等矩阵

(1) 初等矩阵的定义

将单位矩阵作一次初等变换所得的矩阵称为初等矩阵.

三种初等矩阵：

1) 初等对换矩阵 $\boldsymbol{E}_{ij}$ 是由单位矩阵第 i,j 行(列)对换而得到的.

2) 初等倍乘矩阵 $\boldsymbol{E}_i(k)$ 是由单位矩阵第 i 行(列)乘 $k(k \neq 0)$ 而得到的.

3) 初等倍加矩阵 $\boldsymbol{E}_{ij}(k)$ 是由单位矩阵第 i 行乘 k 加到第 j 行而得到的，或由第 j 列乘 k 加到第 i 列而得到的.

(2) 初等矩阵的作用(建立等量关系)

对 $\boldsymbol{A}$ 实施一次初等行(列)变换，相当于左(右)乘相应的初等矩阵.

(3) 初等矩阵的运算

1) $|\boldsymbol{E}_{ij}| = -1$，$|\boldsymbol{E}_i(k)| = k(k \neq 0)$，$|\boldsymbol{E}_{ij}(k)| = 1$.

2) $\boldsymbol{E}_{ij}^{-1} = \boldsymbol{E}_{ij}$，$\boldsymbol{E}_i^{-1}(k) = \boldsymbol{E}_i\left(\frac{1}{k}\right)(k \neq 0)$，$\boldsymbol{E}_{ij}^{-1}(k) = \boldsymbol{E}_{ij}(-k)$.

3) $\boldsymbol{E}_{ij}^* = -\boldsymbol{E}_{ij}$，$\boldsymbol{E}_i^*(k) = k\boldsymbol{E}_i\left(\frac{1}{k}\right)(k \neq 0)$，$\boldsymbol{E}_{ij}^*(k) = \boldsymbol{E}_{ij}(-k)$.

4) $\boldsymbol{E}_{ij}^{\mathrm{T}} = \boldsymbol{E}_{ij}$，$\boldsymbol{E}_i^{\mathrm{T}}(k) = \boldsymbol{E}_i(k)$，$\boldsymbol{E}_{ij}^{\mathrm{T}}(k) = \boldsymbol{E}_{ji}(k)$.

3. 矩阵等价

(1) 矩阵等价的定义

设 $\boldsymbol{A},\boldsymbol{B}$ 均为 $m \times n$ 矩阵，如果矩阵 $\boldsymbol{A}$ 可以经过有限次初等变换变成矩阵 $\boldsymbol{B}$，就称矩阵 $\boldsymbol{A}$ 与 $\boldsymbol{B}$ 等价.

(2) 矩阵等价的充要条件

两个同型矩阵 $\boldsymbol{A},\boldsymbol{B}$ 等价的充分必要条件是存在 m 阶可逆矩阵 $\boldsymbol{P}$ 及 n 阶可逆矩阵 $\boldsymbol{Q}$，使

$\boldsymbol{PAQ}=\boldsymbol{B}$.

(五) 矩阵的秩

1. 定义

矩阵 $\boldsymbol{A}$ 中存在一个 r 阶子式不为零，而所有 $r+1$ 阶子式全为零(若存在)，则称矩阵的秩为 r，记为 $R(\boldsymbol{A})=r$，即非零子式的最高阶数.

2. 性质

(1) 初等变换不改变矩阵的秩.

设 $\boldsymbol{A}$ 是 $m\times n$ 矩阵，$\boldsymbol{P},\boldsymbol{Q}$ 分别是 m 阶，n 阶可逆矩阵，则

$$R(\boldsymbol{A})=R(\boldsymbol{PA})=R(\boldsymbol{AQ})=R(\boldsymbol{PAQ}).$$

(2)$R(\boldsymbol{A}+\boldsymbol{B})\leqslant R(\boldsymbol{A})+R(\boldsymbol{B})$，$R(k\boldsymbol{A})=R(\boldsymbol{A})(k\neq 0)$.

(3)$R(\boldsymbol{AB})\leqslant R(\boldsymbol{A})$，$R(\boldsymbol{AB})\leqslant R(\boldsymbol{B})$.

(4)$\boldsymbol{A}$ 是 $m\times n$ 矩阵，$\boldsymbol{B}$ 是 $n\times p$ 矩阵，若 $\boldsymbol{AB}=\boldsymbol{O}$，则

1)$R(\boldsymbol{A})+R(\boldsymbol{B})\leqslant n$；

2)$\boldsymbol{B}$ 的每个列向量是 $\boldsymbol{AX}=\boldsymbol{0}$ 的解.

(5) 若 $R(\boldsymbol{A}_{m\times n})=n$，则 $R(\boldsymbol{AB})=R(\boldsymbol{B})$；若 $R(\boldsymbol{B}_{n\times s})=n$，则 $R(\boldsymbol{AB})=R(\boldsymbol{A})$.

(6) 若 $\boldsymbol{A}$ 是 $m\times n$ 矩阵，则 $R(\boldsymbol{A}^{\mathrm{T}}\boldsymbol{A})=R(\boldsymbol{A})=R(\boldsymbol{A}^{\mathrm{T}})$.

四 | 进阶专项题

题型1 矩阵的定义、基本性质运算

例1 设 $\boldsymbol{A},\boldsymbol{B},\boldsymbol{C}$ 为可逆方阵，则$(\boldsymbol{ABC}^{\mathrm{T}})^{-1}=($　　$)$.

(A)$(\boldsymbol{B}^{\mathrm{T}})^{-1}\boldsymbol{A}^{-1}\boldsymbol{C}^{-1}$　　(B)$\boldsymbol{B}^{\mathrm{T}}\boldsymbol{C}^{-1}\boldsymbol{A}^{-1}$

(C)$\boldsymbol{A}^{-1}\boldsymbol{C}^{-1}(\boldsymbol{B}^{\mathrm{T}})^{-1}$　　(D)$(\boldsymbol{C}^{-1})^{\mathrm{T}}\boldsymbol{B}^{-1}\boldsymbol{A}^{-1}$

【答案】(D)

线索

掌握转置矩阵的相关公式.

$$(\boldsymbol{AB})^{\mathrm{T}}=\boldsymbol{B}^{\mathrm{T}}\boldsymbol{A}^{\mathrm{T}},(\boldsymbol{ABC})^{-1}=\boldsymbol{C}^{-1}(\boldsymbol{AB})^{-1}=\boldsymbol{C}^{-1}\boldsymbol{B}^{-1}\boldsymbol{A}^{-1},(\boldsymbol{A}^{\mathrm{T}})^{-1}=(\boldsymbol{A}^{-1})^{\mathrm{T}}.$$

【解析】$(\boldsymbol{B}^{\mathrm{T}})^{-1}\boldsymbol{A}^{-1}\boldsymbol{C}^{-1}=(\boldsymbol{CAB}^{\mathrm{T}})^{-1}$，知(A) 项不正确；

$\boldsymbol{B}^{\mathrm{T}}\boldsymbol{C}^{-1}\boldsymbol{A}^{-1}=\boldsymbol{B}^{\mathrm{T}}(\boldsymbol{AC})^{-1}$，知(B) 项不正确；

$\boldsymbol{A}^{-1}\boldsymbol{C}^{-1}(\boldsymbol{B}^{\mathrm{T}})^{-1}=(\boldsymbol{B}^{\mathrm{T}}\boldsymbol{CA})^{-1}$，知(C) 项不正确；

$(\boldsymbol{C}^{-1})^{\mathrm{T}}\boldsymbol{B}^{-1}\boldsymbol{A}^{-1}=(\boldsymbol{C}^{\mathrm{T}})^{-1}\boldsymbol{B}^{-1}\boldsymbol{A}^{-1}=(\boldsymbol{ABC}^{\mathrm{T}})^{-1}$.

故选(D).

例2 设 $\boldsymbol{A}$ 是 3 阶可逆矩阵，$|\boldsymbol{A}|=2$，则 $|(\boldsymbol{A}^{*})^{*}|=$________.

【答案】16

线索

$\boldsymbol{A}$ 为 n 阶矩阵，$(\boldsymbol{A}^*)^*=|\boldsymbol{A}|^{n-2}\boldsymbol{A}$，$|k\boldsymbol{A}|=k^n|\boldsymbol{A}|$.

【解析】$|(\boldsymbol{A}^*)^*|=|2^{3-2}\boldsymbol{A}|=|2\boldsymbol{A}|=2^3|\boldsymbol{A}|=16$.

例3 设 $\boldsymbol{A}$ 为 n 阶实对称矩阵，且 $\boldsymbol{A}^2=\boldsymbol{O}$，证明 $\boldsymbol{A}=\boldsymbol{O}$.

线索

$\boldsymbol{A}=(a_{ij})_{n\times n}$，则 $\boldsymbol{A}=\boldsymbol{O}\Leftrightarrow\forall a_{ij}=0$.

【证明】设 $\boldsymbol{A}=(a_{ij})_{n\times n}$，因为 $\boldsymbol{A}$ 为实对称矩阵，即 $\boldsymbol{A}^{\mathrm{T}}=\boldsymbol{A}$，所以

$$\boldsymbol{A}^2=\boldsymbol{A}\boldsymbol{A}^{\mathrm{T}}=\begin{pmatrix}a_{11}&a_{12}&\cdots&a_{1n}\\a_{21}&a_{22}&\cdots&a_{2n}\\\vdots&\vdots&&\vdots\\a_{n1}&a_{n2}&\cdots&a_{nn}\end{pmatrix}\begin{pmatrix}a_{11}&a_{21}&\cdots&a_{n1}\\a_{12}&a_{22}&\cdots&a_{n2}\\\vdots&\vdots&&\vdots\\a_{1n}&a_{2n}&\cdots&a_{nn}\end{pmatrix}=\boldsymbol{O},$$

从而有

$$\begin{cases}a_{11}^2+a_{12}^2+\cdots+a_{1n}^2=0,\\a_{21}^2+a_{22}^2+\cdots+a_{2n}^2=0,\\\qquad\cdots\\a_{n1}^2+a_{n2}^2+\cdots+a_{nn}^2=0.\end{cases}$$

因为 $\boldsymbol{A}$ 是实矩阵，所以 $a_{ij}=0(i,j=1,2,\cdots,n)$，即 $\boldsymbol{A}=\boldsymbol{O}$.

例4 设 $\boldsymbol{A}=\begin{pmatrix}1&1&1\\1&1&-1\\1&-1&1\end{pmatrix}$，$\boldsymbol{B}=\begin{pmatrix}1&2&3\\-1&-2&4\\0&5&1\end{pmatrix}$，求 $3\boldsymbol{AB}-2\boldsymbol{A}$ 及 $\boldsymbol{A}^{\mathrm{T}}\boldsymbol{B}$.

线索

对于矩阵的乘法，$\boldsymbol{A}=(a_{ij})_{m\times s}$，$\boldsymbol{B}=(b_{ij})_{s\times n}$，则

$$\boldsymbol{AB}=\boldsymbol{C}=(c_{ij})_{m\times n}.$$

其中 $c_{ij}=\sum_{k=1}^{s}a_{ik}b_{kj}$.

【解】$3\boldsymbol{AB}-2\boldsymbol{A}=3\begin{pmatrix}1&1&1\\1&1&-1\\1&-1&1\end{pmatrix}\begin{pmatrix}1&2&3\\-1&-2&4\\0&5&1\end{pmatrix}-2\begin{pmatrix}1&1&1\\1&1&-1\\1&-1&1\end{pmatrix}$

$$=3\begin{pmatrix}0&5&8\\0&-5&6\\2&9&0\end{pmatrix}-2\begin{pmatrix}1&1&1\\1&1&-1\\1&-1&1\end{pmatrix}=\begin{pmatrix}0&15&24\\0&-15&18\\6&27&0\end{pmatrix}-\begin{pmatrix}2&2&2\\2&2&-2\\2&-2&2\end{pmatrix}$$

$$=\begin{pmatrix}-2&13&22\\-2&-17&20\\4&29&-2\end{pmatrix}.$$

因 $\boldsymbol{A}^{\mathrm{T}}=\boldsymbol{A}$，故 $\boldsymbol{A}^{\mathrm{T}}\boldsymbol{B}=\boldsymbol{A}\boldsymbol{B}=\begin{pmatrix}0&5&8\\0&-5&6\\2&9&0\end{pmatrix}$.

二阶提炼

例5 设 n 阶方阵 $\boldsymbol{A},\boldsymbol{B}$ 满足关系式 $\boldsymbol{AB}=\boldsymbol{A}+\boldsymbol{B}$，则

(1) 若 $\boldsymbol{A}$ 可逆，则 $\boldsymbol{B}$ 可逆；

(2) 若 $\boldsymbol{B}$ 可逆，则 $\boldsymbol{A}+\boldsymbol{B}$ 可逆；

(3) 若 $\boldsymbol{A}+\boldsymbol{B}$ 可逆，则 $\boldsymbol{AB}$ 可逆；

(4) $\boldsymbol{A}-\boldsymbol{E}$ 恒可逆.

上述命题中，正确的命题共有(　　).

(A)1 个　　(B)2 个　　(C)3 个　　(D)4 个

【答案】(D)

【解析】由 $\boldsymbol{AB}=\boldsymbol{A}+\boldsymbol{B}$ 得 $(\boldsymbol{A}-\boldsymbol{E})(\boldsymbol{B}-\boldsymbol{E})=\boldsymbol{E}$，从而利用逆矩阵的定义可知 $\boldsymbol{A}-\boldsymbol{E}$，$\boldsymbol{B}-\boldsymbol{E}$ 恒可逆，从而(4) 正确；

再由 $\boldsymbol{AB}=\boldsymbol{A}+\boldsymbol{B}$ 得 $\boldsymbol{A}(\boldsymbol{B}-\boldsymbol{E})=\boldsymbol{B}$，若 $\boldsymbol{A}$ 可逆，由 $\boldsymbol{B}-\boldsymbol{E}$ 恒可逆，可得 $\boldsymbol{B}$ 可逆，从而(1) 正确；

再由 $\boldsymbol{AB}=\boldsymbol{A}+\boldsymbol{B}$ 得 $(\boldsymbol{A}-\boldsymbol{E})\boldsymbol{B}=\boldsymbol{A}$，若 $\boldsymbol{B}$ 可逆，由 $\boldsymbol{A}-\boldsymbol{E}$ 恒可逆，可得 $\boldsymbol{A}$ 可逆，从而 $\boldsymbol{AB}$ 可逆，于是 $\boldsymbol{A}+\boldsymbol{B}$ 可逆，(2) 正确；

再由 $\boldsymbol{AB}=\boldsymbol{A}+\boldsymbol{B}$，若 $\boldsymbol{A}+\boldsymbol{B}$，则 $\boldsymbol{AB}$ 可逆，(3) 正确.

故选(D).

小结

本题需要对式子 $\boldsymbol{AB}=\boldsymbol{A}+\boldsymbol{B}$ 作恒等变形，再利用逆矩阵的定义和性质进行判定矩阵是否可逆.

例6 设 n 阶方阵 $\boldsymbol{A},\boldsymbol{B},\boldsymbol{C}$ 满足关系式 $\boldsymbol{AB}=\boldsymbol{CB}$，则(　　).

(A) $\boldsymbol{A}=\boldsymbol{C}$

(B) 若 $\boldsymbol{A},\boldsymbol{B},\boldsymbol{C}$ 都可逆，则 $\dfrac{1}{|\boldsymbol{A}|}=\dfrac{1}{|\boldsymbol{C}|}$

(C) $\boldsymbol{B}=\boldsymbol{O}$

(D) $|\boldsymbol{B}|=0$

【答案】(B)

【解析】若 $\boldsymbol{A},\boldsymbol{B},\boldsymbol{C}$ 都可逆，所以 $|\boldsymbol{A}||\boldsymbol{B}||\boldsymbol{C}|\neq 0$，则对 $\boldsymbol{AB}=\boldsymbol{CB}$ 两边求行列式，利用矩阵行列式性质可得 $|\boldsymbol{A}||\boldsymbol{B}|=|\boldsymbol{C}||\boldsymbol{B}|$，于是 $\dfrac{1}{|\boldsymbol{A}|}=\dfrac{1}{|\boldsymbol{C}|}$.

故选(B).

小结

本题需利用矩阵的性质逐一计算，如有必要还可以通过举反例进行排除.

例7 设 $\boldsymbol{A}=\frac{1}{2}\begin{pmatrix}1&-1&1&1\\1&1&-1&1\\1&-1&-1&-1\\1&1&1&-1\end{pmatrix}$，则 $|\boldsymbol{A}^*|\boldsymbol{A}^*=$________.

【答案】$\frac{1}{2}\begin{pmatrix}1&1&1&1\\-1&1&-1&1\\1&-1&-1&1\\1&1&-1&-1\end{pmatrix}$

【解析】由于 $\boldsymbol{A}$ 为正交矩阵，且 $|\boldsymbol{A}|=1$，则

$$\boldsymbol{A}^*=|\boldsymbol{A}|\boldsymbol{A}^{-1}=|\boldsymbol{A}|\boldsymbol{A}^{\mathrm{T}}=\boldsymbol{A}^{\mathrm{T}},\ |\boldsymbol{A}^*|=|\boldsymbol{A}|^3=1.$$

故

$$|\boldsymbol{A}^*|\boldsymbol{A}^*=\boldsymbol{A}^*=\boldsymbol{A}^{\mathrm{T}}=\frac{1}{2}\begin{pmatrix}1&1&1&1\\-1&1&-1&1\\1&-1&-1&1\\1&1&-1&-1\end{pmatrix}.$$

小结

对于 $\boldsymbol{A}$ 正交矩阵来说，记住以下结论：

(1) $|\boldsymbol{A}|^2=1$；(2) $\boldsymbol{A}^{-1}=\boldsymbol{A}^{\mathrm{T}}$；(3) $\boldsymbol{A}$ 的列向量组是两两正交的单位向量.

例8 设 $\boldsymbol{A}$ 为 n 阶矩阵，且 $\boldsymbol{A}$ 可逆 $(n\geqslant 2)$，则 $[(\boldsymbol{A}^*)^*]^{-1}=$________.

【答案】$|\boldsymbol{A}|^{1-n}\boldsymbol{A}^*$

【解析】$[(\boldsymbol{A}^*)^*]^{-1}=\dfrac{\boldsymbol{A}^*}{|\boldsymbol{A}^*|}=\dfrac{\boldsymbol{A}^*}{|\boldsymbol{A}|^{n-1}}=|\boldsymbol{A}|^{1-n}\boldsymbol{A}^*$.

小结

$\boldsymbol{A}$ 为 n 阶矩阵，且 $\boldsymbol{A}$ 可逆，$(\boldsymbol{A}^*)^{-1}=(\boldsymbol{A}^{-1})^*=\dfrac{\boldsymbol{A}}{|\boldsymbol{A}|}$，$|\boldsymbol{A}^*|=|\boldsymbol{A}|^{n-1}$.

例9 设矩阵 $\boldsymbol{A}=\begin{pmatrix}1&1&1\\1&2&1\\1&1&3\end{pmatrix}$，$\boldsymbol{A}^*$ 为 $\boldsymbol{A}$ 的伴随矩阵，则 $\boldsymbol{A}^*\begin{pmatrix}1\\1\\1\end{pmatrix}+\boldsymbol{A}^*\begin{pmatrix}1\\2\\1\end{pmatrix}+\boldsymbol{A}^*\begin{pmatrix}1\\1\\3\end{pmatrix}=$________.

【答案】$(2,2,2)^{\mathrm{T}}$

【解析】因为 $|\boldsymbol{A}|=\begin{vmatrix}1&1&1\\1&2&1\\1&1&3\end{vmatrix}=2$，再利用伴随矩阵的性质有 $\boldsymbol{A}^*\boldsymbol{A}=|\boldsymbol{A}|\boldsymbol{E}=2\boldsymbol{E}$，从而结

合分块矩阵的乘法有

$$A^*\begin{pmatrix}1\\1\\1\end{pmatrix}=\begin{pmatrix}2\\0\\0\end{pmatrix},A^*\begin{pmatrix}1\\2\\1\end{pmatrix}=\begin{pmatrix}0\\2\\0\end{pmatrix},A^*\begin{pmatrix}1\\1\\3\end{pmatrix}=\begin{pmatrix}0\\0\\2\end{pmatrix},$$

从而

$$A^*\begin{pmatrix}1\\1\\1\end{pmatrix}+A^*\begin{pmatrix}1\\2\\1\end{pmatrix}+A^*\begin{pmatrix}1\\1\\3\end{pmatrix}=\begin{pmatrix}2\\2\\2\end{pmatrix}.$$

小结

利用伴随矩阵的性质 $A^*A=|A|E$，先将 A 和 E 按列分块作矩阵乘法，再作加法可以得到结果.

例10 设 $A=\begin{pmatrix}0&0&0&1&3\\0&0&0&-1&2\\1&1&1&0&0\\0&1&1&0&0\\0&0&1&0&0\end{pmatrix}$，则 $A^*=$________.

【答案】$\begin{pmatrix}0&0&5&-5&0\\0&0&0&5&-5\\0&0&0&0&5\\2&-3&0&0&0\\1&1&0&0&0\end{pmatrix}$

【解析】记 $B=\begin{pmatrix}1&1&1\\0&1&1\\0&0&1\end{pmatrix}$，$C=\begin{pmatrix}1&3\\-1&2\end{pmatrix}$，$A=\begin{pmatrix}O&C\\B&O\end{pmatrix}$，$|B|=1\neq0\Rightarrow B$ 可逆，

$$B^*=B^{-1}|B|=B^{-1}=\begin{pmatrix}1&-1&0\\0&1&-1\\0&0&1\end{pmatrix},C^*=\begin{pmatrix}2&-3\\1&1\end{pmatrix},$$

$$A^*=A^{-1}|A|=\begin{pmatrix}O&B^{-1}\\C^{-1}&O\end{pmatrix}\times(-1)^{2\times3}|B||C|$$

$$=\begin{pmatrix}O&|C|B^*\\|B|C^*&O\end{pmatrix}=\begin{pmatrix}O&5B^*\\C^*&O\end{pmatrix}.$$

故

$$A^*=\begin{pmatrix}0&0&5&-5&0\\0&0&0&5&-5\\0&0&0&0&5\\2&-3&0&0&0\\1&1&0&0&0\end{pmatrix}.$$

小结

$\boldsymbol{B},\boldsymbol{C}$ 分别为 m,n 阶可逆矩阵，

$$\boldsymbol{A}=\begin{pmatrix}\boldsymbol{B} & \boldsymbol{O}\\ \boldsymbol{O} & \boldsymbol{C}\end{pmatrix}\Rightarrow\boldsymbol{A}^*=\begin{pmatrix}|\boldsymbol{C}|\boldsymbol{B}^* & \boldsymbol{O}\\ \boldsymbol{O} & |\boldsymbol{B}|\boldsymbol{C}^*\end{pmatrix};$$

$$\boldsymbol{A}=\begin{pmatrix}\boldsymbol{O} & \boldsymbol{C}\\ \boldsymbol{B} & \boldsymbol{O}\end{pmatrix}\Rightarrow\boldsymbol{A}^*=(-1)^{m\times n}\begin{pmatrix}\boldsymbol{O} & |\boldsymbol{C}|\boldsymbol{B}^*\\ |\boldsymbol{B}|\boldsymbol{C}^* & \boldsymbol{O}\end{pmatrix}.$$

例11 设 3 阶矩阵 $\boldsymbol{A}$ 的特征值为 $2,2,-4$，求 $\left|\left(-\frac{1}{2}\boldsymbol{A}^*\right)^{-1}\right|=$________.

【答案】$-\frac{1}{32}$

【解析】$\left|\left(-\frac{1}{2}\boldsymbol{A}^*\right)^{-1}\right|=\left|-2\frac{\boldsymbol{A}}{|\boldsymbol{A}|}\right|=\left|-2\times(-1)\times\frac{\boldsymbol{A}}{16}\right|=\left(\frac{1}{8}\right)^3\times(-16)=-\frac{1}{32}$.

小结

$\boldsymbol{A}$ 为 n 阶可逆矩阵，

$$(k\boldsymbol{A})^{-1}=\frac{1}{k}\boldsymbol{A}^{-1},(\boldsymbol{A}^*)^{-1}=\frac{\boldsymbol{A}}{|\boldsymbol{A}|},|\boldsymbol{A}|=\lambda_1\lambda_2\cdots\lambda_n,|k\boldsymbol{A}|=k^n|\boldsymbol{A}|.$$

例12 设 $\boldsymbol{A}=\begin{pmatrix}3 & 0 & 0\\ 0 & 2 & 6\\ 0 & 0 & -1\end{pmatrix},\boldsymbol{B}=\begin{pmatrix}3 & 0 & 0\\ 1 & -1 & 0\\ -3 & 4 & 2\end{pmatrix},\boldsymbol{C}=\boldsymbol{A}\boldsymbol{B}^{-1}$，则 $\boldsymbol{C}^{-1}$ 的第 3 行第 1 列的元素为（　　）.

(A)4　　(B)8　　(C)0　　(D)-1

【答案】(D)

【解析】由题意得

$$\boldsymbol{C}^{-1}=(\boldsymbol{A}\boldsymbol{B}^{-1})^{-1}=\boldsymbol{B}\boldsymbol{A}^{-1},$$

令 $\boldsymbol{A}_1=3,\boldsymbol{A}_2=\begin{pmatrix}2 & 6\\ 0 & -1\end{pmatrix}$，则

$$\boldsymbol{A}=\begin{pmatrix}\boldsymbol{A}_1 & \boldsymbol{O}\\ \boldsymbol{O} & \boldsymbol{A}_2\end{pmatrix}\Rightarrow\boldsymbol{A}^{-1}=\begin{pmatrix}\boldsymbol{A}_1^{-1} & \boldsymbol{O}\\ \boldsymbol{O} & \boldsymbol{A}_2^{-1}\end{pmatrix}=\begin{pmatrix}\frac{1}{3} & 0 & 0\\ 0 & \frac{1}{2} & 3\\ 0 & 0 & -1\end{pmatrix},$$

故

$$\boldsymbol{C}^{-1}=\boldsymbol{B}\boldsymbol{A}^{-1}=\begin{pmatrix}3 & 0 & 0\\ 1 & -1 & 0\\ -3 & 4 & 2\end{pmatrix}\begin{pmatrix}\frac{1}{3} & 0 & 0\\ 0 & \frac{1}{2} & 3\\ 0 & 0 & -1\end{pmatrix},$$

$$c_{31}=-3\times\frac{1}{3}+4\times0+2\times0=-1.$$

故选(D).

小结

(1) $\boldsymbol{A}=\begin{pmatrix}\boldsymbol{A}_1 & \boldsymbol{O}\\ \boldsymbol{O} & \boldsymbol{A}_2\end{pmatrix}\Rightarrow\boldsymbol{A}^{-1}=\begin{pmatrix}\boldsymbol{A}_1^{-1} & \boldsymbol{O}\\ \boldsymbol{O} & \boldsymbol{A}_2^{-1}\end{pmatrix}$;

(2) $\begin{pmatrix}a & b\\ c & d\end{pmatrix}^{-1}=\dfrac{1}{ad-bc}\begin{pmatrix}d & -b\\ -c & a\end{pmatrix}$, $|ad-bc|\neq0$.

三阶突破

例13 设 $\boldsymbol{A}$ 是 n 阶方阵,满足 $\boldsymbol{A}^m=\boldsymbol{E}$,其中 m 为正整数,$\boldsymbol{E}$ 为 n 阶单位阵,将 $\boldsymbol{A}$ 中元素 a_{ij} 用其代数余子式 $\boldsymbol{A}_{ij}$ 代替,得到的矩阵记为 $\boldsymbol{A}_0$,证明:$\boldsymbol{A}_0^m=\boldsymbol{E}$.

线索

考查矩阵的伴随运算,转置运算,幂运算的运算性质.

【证明】$\boldsymbol{A}_0^m=[(\boldsymbol{A}^*)^{\mathrm{T}}]^m=[(\boldsymbol{A}^{\mathrm{T}})^*]^m=[(\boldsymbol{A}^{\mathrm{T}})^m]^*=[(\boldsymbol{A}^m)^{\mathrm{T}}]^*=[(\boldsymbol{E})^{\mathrm{T}}]^*$

$=\boldsymbol{E}^*=\boldsymbol{E}^{-1}|\boldsymbol{E}|=\boldsymbol{E}$.

小结

(1) $[(\boldsymbol{A}^*)^{\mathrm{T}}]^m=[(\boldsymbol{A}^*)^m]^{\mathrm{T}}=[(\boldsymbol{A}^{\mathrm{T}})^*]^m=[(\boldsymbol{A}^{\mathrm{T}})^m]^*=[(\boldsymbol{A}^m)^{\mathrm{T}}]^*=[(\boldsymbol{A}^m)^*]^{\mathrm{T}}$.

(2) $\{[(\boldsymbol{A}^*)^{\mathrm{T}}]^m\}^{-1}=\{[(\boldsymbol{A}^{-1})^{\mathrm{T}}]^m\}^*=\cdots=\{[(\boldsymbol{A}^{-1})^m]^{\mathrm{T}}\}^*$(共 24 种).

例14 设 $\boldsymbol{A},\boldsymbol{B}$ 都是对称矩阵,并且 $\boldsymbol{E}+\boldsymbol{AB}$ 可逆,证明:$(\boldsymbol{E}+\boldsymbol{AB})^{-1}\boldsymbol{A}$ 是对称阵.

线索

证明此类问题一般将原问题等价化.

【证明】**方法一**:$[(\boldsymbol{E}+\boldsymbol{AB})^{-1}\boldsymbol{A}]^{\mathrm{T}}=\boldsymbol{A}^{\mathrm{T}}[(\boldsymbol{E}+\boldsymbol{AB})^{-1}]^{\mathrm{T}}=\boldsymbol{A}[(\boldsymbol{E}+\boldsymbol{AB})^{\mathrm{T}}]^{-1}$

$=\boldsymbol{A}(\boldsymbol{E}+\boldsymbol{B}^{\mathrm{T}}\boldsymbol{A}^{\mathrm{T}})^{-1}=\boldsymbol{A}(\boldsymbol{E}+\boldsymbol{BA})^{-1}$,

下证

$$\boldsymbol{A}(\boldsymbol{E}+\boldsymbol{BA})^{-1}=(\boldsymbol{E}+\boldsymbol{AB})^{-1}\boldsymbol{A}\Leftrightarrow(\boldsymbol{E}+\boldsymbol{AB})\boldsymbol{A}=\boldsymbol{A}(\boldsymbol{E}+\boldsymbol{BA})\Leftrightarrow\boldsymbol{A}+\boldsymbol{ABA}=\boldsymbol{A}+\boldsymbol{ABA},$$

故 $(\boldsymbol{E}+\boldsymbol{AB})^{-1}\boldsymbol{A}$ 是对称阵.

方法二:要证

$$\begin{aligned}[(\boldsymbol{E}+\boldsymbol{AB})^{-1}\boldsymbol{A}]^{\mathrm{T}}=(\boldsymbol{E}+\boldsymbol{AB})^{-1}\boldsymbol{A}&\Leftrightarrow\boldsymbol{A}^{\mathrm{T}}[(\boldsymbol{E}+\boldsymbol{AB})^{-1}]^{\mathrm{T}}=(\boldsymbol{E}+\boldsymbol{AB})^{-1}\boldsymbol{A}\\&\Leftrightarrow\boldsymbol{A}[(\boldsymbol{E}+\boldsymbol{AB})^{\mathrm{T}}]^{-1}=(\boldsymbol{E}+\boldsymbol{AB})^{-1}\boldsymbol{A}\\&\Leftrightarrow\boldsymbol{A}(\boldsymbol{E}+\boldsymbol{B}^{\mathrm{T}}\boldsymbol{A}^{\mathrm{T}})^{-1}=(\boldsymbol{E}+\boldsymbol{AB})^{-1}\boldsymbol{A},\end{aligned}$$

$$\begin{aligned}\boldsymbol{A}(\boldsymbol{E}+\boldsymbol{BA})^{-1}=(\boldsymbol{E}+\boldsymbol{AB})^{-1}\boldsymbol{A}&\Leftrightarrow(\boldsymbol{E}+\boldsymbol{AB})\boldsymbol{A}=\boldsymbol{A}(\boldsymbol{E}+\boldsymbol{BA})\\&\Leftrightarrow\boldsymbol{A}+\boldsymbol{ABA}=\boldsymbol{A}+\boldsymbol{ABA},\end{aligned}$$

故$(\boldsymbol{E}+\boldsymbol{AB})^{-1}\boldsymbol{A}$是对称阵.

小结

一般：

(1)$\boldsymbol{A}^n+\boldsymbol{ABA}=\boldsymbol{A}(\boldsymbol{A}^{n-1}+\boldsymbol{BA})=(\boldsymbol{A}^{n-1}+\boldsymbol{AB})\boldsymbol{A}$；

(2)$\boldsymbol{A}^n\boldsymbol{BA}+\boldsymbol{ABA}^n=\boldsymbol{A}(\boldsymbol{A}^{n-1}\boldsymbol{B}+\boldsymbol{BA}^{n-1})\boldsymbol{A}$.

例15 已知$\boldsymbol{A}$和$\boldsymbol{B}$都是n阶矩阵，满足$\boldsymbol{A}^2=\boldsymbol{A}$,$\boldsymbol{B}^2=\boldsymbol{B}$,$(\boldsymbol{A}+\boldsymbol{B})^2=\boldsymbol{A}+\boldsymbol{B}$. 设$\boldsymbol{A}=\frac{1}{2}\begin{pmatrix}1 & 2k_1 & 1\\ -1 & \sqrt{2} & 2k_2\\ \sqrt{2} & 2k_3 & -\sqrt{2}\end{pmatrix}$,若$\boldsymbol{A}$为正交矩阵.

(1) 求k_1,k_2,k_3；

(2) 求方程组$\boldsymbol{Ax}=\begin{pmatrix}1\\1\\1\end{pmatrix}$的解.

线索

利用正交矩阵的结论找突破口.

【解】(1)$\boldsymbol{A}$为正交矩阵，则$\boldsymbol{A}$的列向量为两两正交的单位向量，故

$$\begin{cases}2k_1-\sqrt{2}+2\sqrt{2}k_3=0,\\ 1-2k_2-2=0,\\ 2k_1+2\sqrt{2}k_2-2\sqrt{2}k_3=0,\end{cases}$$

得$k_1=\frac{1}{\sqrt{2}}$,$k_2=-\frac{1}{2}$,$k_3=0$.

(2) 当$\boldsymbol{A}$为正交矩阵时，

$$\boldsymbol{x}=\boldsymbol{A}^{-1}\begin{pmatrix}1\\1\\1\end{pmatrix}=\boldsymbol{A}^{\mathrm{T}}\begin{pmatrix}1\\1\\1\end{pmatrix}=\frac{1}{2}\begin{pmatrix}1 & \sqrt{2} & 1\\ -1 & \sqrt{2} & -1\\ \sqrt{2} & 0 & -\sqrt{2}\end{pmatrix}^{\mathrm{T}}\begin{pmatrix}1\\1\\1\end{pmatrix}$$

$$=\frac{1}{2}\begin{pmatrix}1 & -1 & \sqrt{2}\\ \sqrt{2} & \sqrt{2} & 0\\ 1 & -1 & -\sqrt{2}\end{pmatrix}\begin{pmatrix}1\\1\\1\end{pmatrix}=\frac{1}{\sqrt{2}}\begin{pmatrix}1\\2\\-1\end{pmatrix}.$$

小结

对于$\boldsymbol{A}$正交矩阵来说记住以下结论：

(1)$|\boldsymbol{A}|^2=1$;(2)$\boldsymbol{A}^{-1}=\boldsymbol{A}^{\mathrm{T}}$;(3)$\boldsymbol{A}$的列向量组是两两正交的单位向量.

题型2 方阵的幂的运算

一阶溯源

例1 若 $\boldsymbol{A}=\begin{pmatrix}0&1&0&0\\0&0&1&0\\0&0&0&1\\0&0&0&0\end{pmatrix}$，则 $\boldsymbol{E}+\boldsymbol{A}+\boldsymbol{A}^2+\boldsymbol{A}^3+\boldsymbol{A}^4=$________.

【答案】$\begin{pmatrix}1&1&1&1\\0&1&1&1\\0&0&1&1\\0&0&0&1\end{pmatrix}$

线索

注意 n 阶幂零矩阵 $\boldsymbol{A}=\begin{pmatrix}0&1&0&\cdots&0\\0&0&1&\cdots&0\\\vdots&\vdots&\vdots&&\vdots\\0&0&0&\cdots&1\\0&0&0&\cdots&0\end{pmatrix}$ 的形式变化.

【解析】因为

$$\boldsymbol{A}^2=\begin{pmatrix}0&0&1&0\\0&0&0&1\\0&0&0&0\\0&0&0&0\end{pmatrix},\boldsymbol{A}^3=\begin{pmatrix}0&0&0&1\\0&0&0&0\\0&0&0&0\\0&0&0&0\end{pmatrix},\boldsymbol{A}^4=\boldsymbol{O},$$

所以

$$\boldsymbol{E}+\boldsymbol{A}+\boldsymbol{A}^2+\boldsymbol{A}^3+\boldsymbol{A}^4=\begin{pmatrix}1&1&1&1\\0&1&1&1\\0&0&1&1\\0&0&0&1\end{pmatrix}.$$

例2 设 $\boldsymbol{A}=\begin{pmatrix}1&0&1\\0&2&0\\1&0&1\end{pmatrix}$，$n\geqslant 2$ 为正整数，则 $\boldsymbol{A}^n-2\boldsymbol{A}^{n-1}=$________.

【答案】$\boldsymbol{O}$

【解析】先求 $\boldsymbol{A}^2=\begin{pmatrix}1&0&1\\0&2&0\\1&0&1\end{pmatrix}\begin{pmatrix}1&0&1\\0&2&0\\1&0&1\end{pmatrix}=\begin{pmatrix}2&0&2\\0&4&0\\2&0&2\end{pmatrix}=2\boldsymbol{A}$，找规律发现 $\boldsymbol{A}^n=2^{n-1}\boldsymbol{A}$，于是 $\boldsymbol{A}^n-2\boldsymbol{A}^{n-1}=\boldsymbol{O}$.

小结

本题可以利用数学归纳法求方阵的幂.

例3 若 $\boldsymbol{A}=\begin{pmatrix}0&0&0\\2&0&0\\1&3&0\end{pmatrix}$，则 $\boldsymbol{A}^2=$________，$\boldsymbol{A}^3=$________.

【答案】$\begin{pmatrix}0&0&0\\0&0&0\\6&0&0\end{pmatrix}$，$\begin{pmatrix}0&0&0\\0&0&0\\0&0&0\end{pmatrix}$

线索

对于 $\boldsymbol{A}=\begin{pmatrix}0&a&b\\0&0&c\\0&0&0\end{pmatrix}$ 或 $\begin{pmatrix}0&0&0\\a&0&0\\b&c&0\end{pmatrix}$ 等类似的矩阵，有 $\boldsymbol{A}^2=\begin{pmatrix}0&0&ac\\0&0&0\\0&0&0\end{pmatrix}$ 或 $\begin{pmatrix}0&0&0\\0&0&0\\ac&0&0\end{pmatrix}$，$\boldsymbol{A}^n=\boldsymbol{O}(n\geqslant 3)$.

【解析】$\boldsymbol{A}^2=\begin{pmatrix}0&0&0\\2&0&0\\1&3&0\end{pmatrix}\begin{pmatrix}0&0&0\\2&0&0\\1&3&0\end{pmatrix}=\begin{pmatrix}0&0&0\\0&0&0\\6&0&0\end{pmatrix}$，$\boldsymbol{A}^3=\boldsymbol{A}^2\boldsymbol{A}=\begin{pmatrix}0&0&0\\0&0&0\\6&0&0\end{pmatrix}\begin{pmatrix}0&0&0\\2&0&0\\1&3&0\end{pmatrix}=\begin{pmatrix}0&0&0\\0&0&0\\0&0&0\end{pmatrix}$.

二阶提炼

例4 设 $\boldsymbol{\alpha}=(1,2,3)^{\mathrm{T}}$，$\boldsymbol{\beta}=(1,-1,1)^{\mathrm{T}}$，则 $(\boldsymbol{\alpha\beta}^{\mathrm{T}})^{2011}=$________.

【答案】$2^{2010}\begin{pmatrix}1&-1&1\\2&-2&2\\3&-3&3\end{pmatrix}$

【解析】由 $(\boldsymbol{\alpha\beta}^{\mathrm{T}})^2=\boldsymbol{\alpha\beta}^{\mathrm{T}}\boldsymbol{\alpha\beta}^{\mathrm{T}}=\boldsymbol{\alpha}(\boldsymbol{\beta}^{\mathrm{T}}\boldsymbol{\alpha})\boldsymbol{\beta}^{\mathrm{T}}=2\boldsymbol{\alpha\beta}^{\mathrm{T}}$ 得

$$(\boldsymbol{\alpha\beta}^{\mathrm{T}})^3=(\boldsymbol{\alpha\beta}^{\mathrm{T}})^2\boldsymbol{\alpha\beta}^{\mathrm{T}}=2(\boldsymbol{\alpha\beta}^{\mathrm{T}})\boldsymbol{\alpha\beta}^{\mathrm{T}}=2^2\boldsymbol{\alpha\beta}^{\mathrm{T}},\cdots,(\boldsymbol{\alpha\beta}^{\mathrm{T}})^{2011}=2^{2010}\boldsymbol{\alpha\beta}^{\mathrm{T}},$$

故

$$(\boldsymbol{\alpha\beta}^{\mathrm{T}})^{2011}=2^{2010}\begin{pmatrix}1&-1&1\\2&-2&2\\3&-3&3\end{pmatrix}.$$

小结

$\boldsymbol{\alpha}$，$\boldsymbol{\beta}$ 均为列向量，则 $\boldsymbol{\alpha}^{\mathrm{T}}\boldsymbol{\beta}=\boldsymbol{\beta}^{\mathrm{T}}\boldsymbol{\alpha}=\mathrm{tr}(\boldsymbol{\alpha\beta}^{\mathrm{T}})=\mathrm{tr}(\boldsymbol{\beta\alpha}^{\mathrm{T}})$，且 $(\boldsymbol{\alpha\beta}^{\mathrm{T}})^n=(\boldsymbol{\alpha}^{\mathrm{T}}\boldsymbol{\beta})^{n-1}\boldsymbol{\alpha\beta}^{\mathrm{T}}$.

例5 设 $\boldsymbol{A}=\begin{pmatrix}1&1&-2\\0&1&0\\0&0&1\end{pmatrix}$，则 $\boldsymbol{A}^{50}=$________.

【答案】$\begin{pmatrix}1&50&-100\\0&1&0\\0&0&1\end{pmatrix}$

【解析】由 $\boldsymbol{A}=\begin{pmatrix}1&0&0\\0&1&0\\0&0&1\end{pmatrix}+\begin{pmatrix}0&1&-2\\0&0&0\\0&0&0\end{pmatrix}=\boldsymbol{E}+\boldsymbol{B}$ 得

$$\boldsymbol{A}^{50}=(\boldsymbol{E}+\boldsymbol{B})^{50}=\sum_{k=0}^{50}C_{50}^{k}\boldsymbol{E}^{50-k}\boldsymbol{B}^{k}=\sum_{k=0}^{50}C_{50}^{k}\boldsymbol{B}^{k}=\boldsymbol{E}+50\boldsymbol{B}.$$

又 $\boldsymbol{B}^2=\boldsymbol{O}$，故

$$\boldsymbol{A}^{50}=\begin{pmatrix}1&50&-100\\0&1&0\\0&0&1\end{pmatrix}.$$

小结

当 $\boldsymbol{BD}=\boldsymbol{DB}$ 时，$(\boldsymbol{B}+\boldsymbol{D})^n=\sum_{k=0}^{n}C_n^k\boldsymbol{B}^k\boldsymbol{D}^{n-k}=\sum_{k=0}^{n}C_n^k\boldsymbol{B}^{n-k}\boldsymbol{D}^k$.

例6 设 $\boldsymbol{AP}=\boldsymbol{PB}$ 且 $\boldsymbol{B}=\begin{pmatrix}1&0&0\\0&0&0\\0&0&-1\end{pmatrix}$，$\boldsymbol{P}=\begin{pmatrix}1&0&0\\2&-1&0\\2&1&1\end{pmatrix}$，则 $\boldsymbol{A}^5=$________.

【答案】$\begin{pmatrix}1&0&0\\2&0&0\\6&-1&-1\end{pmatrix}$

【解析】由 $|\boldsymbol{P}|=-1\neq 0$ 得 $\boldsymbol{P}$ 可逆.

又 $\boldsymbol{P}^{-1}\boldsymbol{AP}=\boldsymbol{B}$，则 $\boldsymbol{A}=\boldsymbol{PBP}^{-1}$，从而

$$\boldsymbol{A}^5=\boldsymbol{PB}^5\boldsymbol{P}^{-1}=\begin{pmatrix}1&0&0\\2&-1&0\\2&1&1\end{pmatrix}\begin{pmatrix}1&0&0\\0&0&0\\0&0&-1\end{pmatrix}\begin{pmatrix}1&0&0\\2&-1&0\\2&1&1\end{pmatrix}^{-1}$$

$$=\begin{pmatrix}1&0&0\\2&-1&0\\2&1&1\end{pmatrix}\begin{pmatrix}1&0&0\\0&0&0\\0&0&-1\end{pmatrix}\begin{pmatrix}1&0&0\\2&-1&0\\-4&1&1\end{pmatrix}=\begin{pmatrix}1&0&0\\2&0&0\\6&-1&-1\end{pmatrix}.$$

小结

(1)$\boldsymbol{A}=\boldsymbol{PBP}^{-1}\Rightarrow\boldsymbol{A}^2=\boldsymbol{PB}^2\boldsymbol{P}^{-1}\Rightarrow\cdots\Rightarrow\boldsymbol{A}^n=\boldsymbol{PB}^n\boldsymbol{P}^{-1}$；

(2) $\begin{bmatrix}\boldsymbol{A}_1&&&\\&\boldsymbol{A}_2&&\\&&\ddots&\\&&&\boldsymbol{A}_s\end{bmatrix}^n=\begin{bmatrix}\boldsymbol{A}_1^n&&&\\&\boldsymbol{A}_2^n&&\\&&\ddots&\\&&&\boldsymbol{A}_s^n\end{bmatrix}$，其中 $\boldsymbol{A}_1,\boldsymbol{A}_2,\cdots,\boldsymbol{A}_s$ 均为方阵.

例7 已知 $\boldsymbol{A}=\begin{pmatrix}0&-2&0\\2&0&0\\0&0&-2\end{pmatrix}$，$\boldsymbol{B}$ 为 3 阶可逆矩阵，则 $(\boldsymbol{B}^{-1}\boldsymbol{AB})^4=$________.

【答案】$2^4\boldsymbol{E}$

【解析】由 $A^2=\begin{pmatrix}-4&0&0\\0&-4&0\\0&0&4\end{pmatrix}$，$A^4=2^4E$ 得 $(B^{-1}AB)^4=B^{-1}A^4B=B^{-1}2^4EB=2^4E$.

小结

采取归纳法求幂，找出矩阵幂次方的变化规律，注意可能要分 n 为奇、偶的不同情况.

例8 已知 $A=\begin{pmatrix}2&0&1\\0&3&0\\2&0&2\end{pmatrix}$，$B=\begin{pmatrix}1&0&0\\0&-1&0\\0&0&0\end{pmatrix}$，若 X 满足 $AX+2B=BA+2X$，则 X^4 =________.

【答案】$\begin{pmatrix}0&0&0\\0&1&0\\0&0&1\end{pmatrix}$

【解析】由 $AX+2B=BA+2X$ 得 $AX-2X+2B-BA=O$.
进一步，得 $(A-2E)X+B(2E-A)=O$，即 $(A-2E)X=B(A-2E)$，则

$$X=(A-2E)^{-1}B(A-2E),X^4=(A-2E)^{-1}B^4(A-2E),$$

其中 $(A-2E)=\begin{pmatrix}0&0&1\\0&1&0\\2&0&0\end{pmatrix}$，$(A-2E)^{-1}=\begin{pmatrix}0&0&\frac{1}{2}\\0&1&0\\1&0&0\end{pmatrix}$，$B^4=\begin{pmatrix}1&0&0\\0&1&0\\0&0&0\end{pmatrix}$，故

$$X=\begin{pmatrix}0&0&\frac{1}{2}\\0&1&0\\1&0&0\end{pmatrix}\begin{pmatrix}1&0&0\\0&1&0\\0&0&0\end{pmatrix}\begin{pmatrix}0&0&1\\0&1&0\\2&0&0\end{pmatrix}=\begin{pmatrix}0&0&0\\0&1&0\\0&0&1\end{pmatrix}.$$

小结

当 $A=P^{-1}BP$，即 A 与 B 相似时，$A^n=P^{-1}B^nP$.

例9 设 $A=\begin{pmatrix}0&-1&0\\1&0&0\\0&0&-1\end{pmatrix}$，$B=P^{-1}AP$，其中 P 为 3 阶可逆矩阵，则 $B^{2004}-2A^2$ =________.

【答案】$\begin{pmatrix}3&0&0\\0&3&0\\0&0&-1\end{pmatrix}$

【解析】由 $B=P^{-1}AP$，得 $B^n=P^{-1}A^nP$，而

$$A^2=\begin{pmatrix}0&-1&0\\1&0&0\\0&0&-1\end{pmatrix}\begin{pmatrix}0&-1&0\\1&0&0\\0&0&-1\end{pmatrix}=\begin{pmatrix}-1&&\\&-1&\\&&1\end{pmatrix},$$

$$\boldsymbol{B}^{2004}=\boldsymbol{P}^{-1}\boldsymbol{A}^{2004}\boldsymbol{P}=\boldsymbol{P}^{-1}(\boldsymbol{A}^{2})^{1002}\boldsymbol{P}=\boldsymbol{P}^{-1}\boldsymbol{E}\boldsymbol{P}=\boldsymbol{P}^{-1}\boldsymbol{P}=\boldsymbol{E}.$$

故

$$\boldsymbol{B}^{2004}-2\boldsymbol{A}^{2}=\boldsymbol{E}-\begin{pmatrix}-2&&\\&-2&\\&&2\end{pmatrix}=\begin{pmatrix}3&&\\&3&\\&&-1\end{pmatrix}.$$

小结

当 $\boldsymbol{B}=\boldsymbol{P}^{-1}\boldsymbol{A}\boldsymbol{P}$ 时，$\boldsymbol{B}^{2004}=\boldsymbol{P}^{-1}\boldsymbol{A}^{2004}\boldsymbol{P}$，利用 $\boldsymbol{A}^{2004}$ 得 $\boldsymbol{B}^{2004}$.

例10 设 $\boldsymbol{A}$ 是 n 阶方阵，且 $\boldsymbol{A}^2=\boldsymbol{A}$，证明：$(\boldsymbol{A}+\boldsymbol{E})^k=\boldsymbol{E}+(2^k-1)\boldsymbol{A}$，其中，$k$ 是正整数，$\boldsymbol{E}$ 是 n 阶单位阵.

【证明】$\boldsymbol{E}^m=\boldsymbol{E}$，$\boldsymbol{A}^2=\boldsymbol{A}$，$\boldsymbol{A}^3=\boldsymbol{A}^2\boldsymbol{A}=\boldsymbol{A}^2=\boldsymbol{A}$，$\boldsymbol{A}^4=\boldsymbol{A}^3\boldsymbol{A}=\boldsymbol{A}\boldsymbol{A}=\boldsymbol{A}$，…，$\boldsymbol{A}^m=\boldsymbol{A}$，

$$\begin{aligned}(\boldsymbol{E}+\boldsymbol{A})^k&=\sum_{i=0}^{k}\mathrm{C}_k^i\boldsymbol{A}^i\boldsymbol{E}^{k-i}=\sum_{i=0}^{k}\mathrm{C}_k^i\boldsymbol{A}^i=\boldsymbol{E}+k\boldsymbol{A}+\frac{k(k-1)}{2}\boldsymbol{A}^2+\cdots+k\boldsymbol{A}^{k-1}+\boldsymbol{A}^k\\&=\boldsymbol{E}+\left(\sum_{i=0}^{k}\mathrm{C}_k^i-1\right)\boldsymbol{A}=\boldsymbol{E}+(2^k-1)\boldsymbol{A}.\end{aligned}$$

小结

当 $\boldsymbol{BD}=\boldsymbol{DB}$ 时，$(\boldsymbol{B}+\boldsymbol{D})^n=\sum_{k=0}^{n}\mathrm{C}_n^k\boldsymbol{B}^k\boldsymbol{D}^{n-k}=\sum_{k=0}^{n}\mathrm{C}_n^k\boldsymbol{B}^{n-k}\boldsymbol{D}^k$.

例11 计算 $\begin{pmatrix}0&0&1\\0&1&0\\1&0&0\end{pmatrix}^{2020}\begin{pmatrix}a_1&a_2&a_3\\b_1&b_2&b_3\\c_1&c_2&c_3\end{pmatrix}\begin{pmatrix}0&0&1\\0&1&0\\1&0&0\end{pmatrix}^{2021}=$________.

【答案】$\begin{pmatrix}a_3&a_2&a_1\\b_3&b_2&b_1\\c_3&c_2&c_1\end{pmatrix}$

【解析】因为

$$\begin{pmatrix}0&0&1\\0&1&0\\1&0&0\end{pmatrix}^{2020}=\begin{pmatrix}1&0&0\\0&1&0\\0&0&1\end{pmatrix},\begin{pmatrix}0&0&1\\0&1&0\\1&0&0\end{pmatrix}^{2021}=\begin{pmatrix}0&0&1\\0&1&0\\1&0&0\end{pmatrix},$$

所以

$$\begin{pmatrix}0&0&1\\0&1&0\\1&0&0\end{pmatrix}^{2020}\begin{pmatrix}a_1&a_2&a_3\\b_1&b_2&b_3\\c_1&c_2&c_3\end{pmatrix}\begin{pmatrix}0&0&1\\0&1&0\\1&0&0\end{pmatrix}^{2021}=\begin{pmatrix}a_3&a_2&a_1\\b_3&b_2&b_1\\c_3&c_2&c_1\end{pmatrix}.$$

小结

初等矩阵的高次幂，可以利用初等矩阵的性质进行计算.

例12 设 $\boldsymbol{AP}=\boldsymbol{P\Lambda}$，其中 $\boldsymbol{P}=\begin{pmatrix}1&1&1\\1&0&-2\\1&-1&1\end{pmatrix}$，$\boldsymbol{\Lambda}=\begin{pmatrix}-1&&\\&1&\\&&5\end{pmatrix}$，求 $\varphi(\boldsymbol{A})=\boldsymbol{A}^8(5\boldsymbol{E}-6\boldsymbol{A}+\boldsymbol{A}^2)$.

【解】$\varphi(\boldsymbol{A})=5\boldsymbol{A}^8-6\boldsymbol{A}^9+\boldsymbol{A}^{10}$

$$=\boldsymbol{P}\left[5\begin{pmatrix}1&&\\&1&\\&&5^8\end{pmatrix}-6\begin{pmatrix}-1&&\\&1&\\&&5^9\end{pmatrix}+\begin{pmatrix}1&&\\&1&\\&&5^{10}\end{pmatrix}\right]\boldsymbol{P}^{-1}=\boldsymbol{P}\begin{pmatrix}12&&\\&0&\\&&0\end{pmatrix}\boldsymbol{P}^{-1}$$

$$=\begin{pmatrix}1&1&1\\1&0&-2\\1&-1&1\end{pmatrix}\cdot\frac{1}{6}\cdot\begin{pmatrix}2&2&2\\3&0&-3\\1&-2&1\end{pmatrix}=\begin{pmatrix}4&4&4\\4&4&4\\4&4&4\end{pmatrix}.$$

小结

(1) $\boldsymbol{A}=\boldsymbol{P\Lambda P}^{-1}\Rightarrow\boldsymbol{A}^2=\boldsymbol{P\Lambda}^2\boldsymbol{P}^{-1}\Rightarrow\cdots\Rightarrow\boldsymbol{A}^n=\boldsymbol{P\Lambda}^n\boldsymbol{P}^{-1}$；

(2) $\varphi(\boldsymbol{A})=\boldsymbol{P}\varphi(\boldsymbol{\Lambda})\boldsymbol{P}^{-1}$.

三阶突破

例13 设 $\boldsymbol{A}=\begin{pmatrix}1&0&0\\1&0&1\\0&1&0\end{pmatrix}$，计算 $\boldsymbol{A}^{100}$.

线索

求非特殊矩阵的幂次方一般采取归纳法或利用

$$\boldsymbol{A}=\boldsymbol{P\Lambda P}^{-1}\Rightarrow\boldsymbol{A}^2=\boldsymbol{P\Lambda}^2\boldsymbol{P}^{-1}\Rightarrow\cdots\Rightarrow\boldsymbol{A}^n=\boldsymbol{P\Lambda}^n\boldsymbol{P}^{-1}.$$

【解】$\boldsymbol{A}^2=\begin{pmatrix}1&0&0\\1&1&0\\1&0&1\end{pmatrix}$，$\boldsymbol{A}^3=\begin{pmatrix}1&0&0\\2&0&1\\1&1&0\end{pmatrix}=\boldsymbol{A}+\boldsymbol{A}^2-\boldsymbol{E}$，

$$\boldsymbol{A}^4=\boldsymbol{A}(\boldsymbol{A}+\boldsymbol{A}^2-\boldsymbol{E})=\boldsymbol{A}^2+\boldsymbol{A}^3-\boldsymbol{A}=\boldsymbol{A}^2+(\boldsymbol{A}+\boldsymbol{A}^2-\boldsymbol{E})-\boldsymbol{A}=\boldsymbol{A}^2+\boldsymbol{A}^2-\boldsymbol{E},$$

归纳得

$$\boldsymbol{A}^n=\boldsymbol{A}^{n-2}+\boldsymbol{A}^2-\boldsymbol{E}\ (n\geqslant 3).$$

$$\begin{aligned}\boldsymbol{A}^{100}&=\boldsymbol{A}^{98}+\boldsymbol{A}^2-\boldsymbol{E}=\boldsymbol{A}^{96}+2(\boldsymbol{A}^2-\boldsymbol{E})\\&=\cdots=\boldsymbol{A}^2+49(\boldsymbol{A}^2-\boldsymbol{E})=50\boldsymbol{A}^2-49\boldsymbol{E}\\&=\begin{pmatrix}50&0&0\\50&50&0\\50&0&50\end{pmatrix}-\begin{pmatrix}49&0&0\\0&49&0\\0&0&49\end{pmatrix}=\begin{pmatrix}1&0&0\\50&1&0\\50&0&1\end{pmatrix}.\end{aligned}$$

小结

(1)$\boldsymbol{A}=\begin{pmatrix}1&0&0\\1&0&1\\0&1&0\end{pmatrix}=\begin{pmatrix}1&0&0\\0&0&1\\0&1&0\end{pmatrix}\begin{pmatrix}1&0&0\\0&1&0\\1&0&1\end{pmatrix}$可简化运算;

(2)特征方程 $|\boldsymbol{A}-\lambda\boldsymbol{E}|=(1-\lambda)(\lambda^2-1)=0\Rightarrow\lambda_1=\lambda_2=1,\lambda_3=-1$.

又 $3-R(\boldsymbol{A}-\boldsymbol{E})=3-2=1\neq 2$ 知 $\boldsymbol{A}$ 不可相似对角化.

故 $\boldsymbol{A}=\boldsymbol{P\Lambda P}^{-1}\Rightarrow\boldsymbol{A}^2=\boldsymbol{P\Lambda}^2\boldsymbol{P}^{-1}\Rightarrow\cdots\Rightarrow\boldsymbol{A}^n=\boldsymbol{P\Lambda}^n\boldsymbol{P}^{-1}$ 的解法不适用此题.

例14 计算$\begin{pmatrix}1&-1&-1&-1\\-1&1&-1&-1\\-1&-1&1&-1\\-1&-1&-1&1\end{pmatrix}^n$.

线索

求非特殊矩阵的幂次方一般采取归纳法或利用

$$\boldsymbol{A}=\boldsymbol{P\Lambda P}^{-1}\Rightarrow\boldsymbol{A}^2=\boldsymbol{P\Lambda}^2\boldsymbol{P}^{-1}\Rightarrow\cdots\Rightarrow\boldsymbol{A}^n=\boldsymbol{P\Lambda}^n\boldsymbol{P}^{-1}.$$

【解】**方法一:**$\boldsymbol{A}=\begin{pmatrix}-1&-1&-1&-1\\-1&-1&-1&-1\\-1&-1&-1&-1\\-1&-1&-1&-1\end{pmatrix}+2\boldsymbol{E}=\boldsymbol{B}+2\boldsymbol{E}$,

其中 $\boldsymbol{B}^n=(-4)^{n-1}\boldsymbol{B}(n\geqslant 1)$,

$$\begin{aligned}\boldsymbol{A}^n&=(\boldsymbol{B}+2\boldsymbol{E})^n=\sum_{k=0}^{n}\mathrm{C}_n^k\boldsymbol{B}^k(2\boldsymbol{E})^{n-k}=2^n\boldsymbol{E}+\sum_{k=1}^{n}\mathrm{C}_n^k(-4)^{k-1}\boldsymbol{B}(2)^{n-k}\\&=2^n\boldsymbol{E}-\frac{1}{4}\sum_{k=1}^{n}\mathrm{C}_n^k(-4)^k\boldsymbol{B}(2)^{n-k}=2^n\boldsymbol{E}-\frac{1}{4}[(-2)^n-2^n]\boldsymbol{B}\\&=\frac{1}{4}\begin{pmatrix}(-2)^n+3\times2^n&(-2)^n-2^n&(-2)^n-2^n&(-2)^n-2^n\\(-2)^n-2^n&(-2)^n+3\times2^n&(-2)^n-2^n&(-2)^n-2^n\\(-2)^n-2^n&(-2)^n-2^n&(-2)^n+3\times2^n&(-2)^n-2^n\\(-2)^n-2^n&(-2)^n-2^n&(-2)^n-2^n&(-2)^n+3\times2^n\end{pmatrix}.\end{aligned}$$

方法二:$|\boldsymbol{A}-\lambda\boldsymbol{E}|=\begin{vmatrix}1-\lambda&-1&-1&-1\\-1&1-\lambda&-1&-1\\-1&-1&1-\lambda&-1\\-1&-1&-1&1-\lambda\end{vmatrix}=(1-\lambda-1-1-1)(1-\lambda+1)^3$

$$=(\lambda+2)(\lambda-2)^3=0,$$

解得 $\lambda_1=-2,\lambda_2=\lambda_3=\lambda_4=2$.

解 $(\boldsymbol{A}+2\boldsymbol{E})\boldsymbol{x}=\boldsymbol{0}$ 得 $\boldsymbol{\alpha}_1=(1,1,1,1)^{\mathrm{T}}$ 为特征值 -2 对应的特征向量.

解 $(\boldsymbol{A}-2\boldsymbol{E})\boldsymbol{x}=\boldsymbol{0}$ 得 $\boldsymbol{\alpha}_2=(-1,1,0,0)^{\mathrm{T}},\boldsymbol{\alpha}_3=(-1,0,1,0)^{\mathrm{T}},\boldsymbol{\alpha}_4=(-1,0,0,1)^{\mathrm{T}}$ 为特征值 2 对应的线性无关的特征向量.

记 $\boldsymbol{P}=(\boldsymbol{\alpha}_1,\boldsymbol{\alpha}_2,\boldsymbol{\alpha}_3,\boldsymbol{\alpha}_4)=\begin{pmatrix}1&-1&-1&-1\\1&1&0&0\\1&0&1&0\\1&0&0&1\end{pmatrix}$ 可逆且 $\boldsymbol{P}^{-1}\boldsymbol{AP}=\begin{pmatrix}-2&&&\\&2&&\\&&2&\\&&&2\end{pmatrix}$，则

$$\boldsymbol{A}=\boldsymbol{P}\begin{pmatrix}-2&&&\\&2&&\\&&2&\\&&&2\end{pmatrix}\boldsymbol{P}^{-1}.$$

从而

$$\boldsymbol{A}^n=\boldsymbol{P}\begin{pmatrix}(-2)^n&&&\\&2^n&&\\&&2^n&\\&&&2^n\end{pmatrix}\boldsymbol{P}^{-1}$$

$$=\begin{pmatrix}1&-1&-1&-1\\1&1&0&0\\1&0&1&0\\1&0&0&1\end{pmatrix}\begin{pmatrix}(-2)^n&&&\\&2^n&&\\&&2^n&\\&&&2^n\end{pmatrix}\frac{1}{4}\begin{pmatrix}1&-1&-1&-1\\-1&3&-1&-1\\-1&-1&3&-1\\-1&-1&-1&3\end{pmatrix}$$

$$=\frac{1}{4}\begin{pmatrix}(-2)^n+3\times 2^n&(-2)^n-2^n&(-2)^n-2^n&(-2)^n-2^n\\(-2)^n-2^n&(-2)^n+3\times 2^n&(-2)^n-2^n&(-2)^n-2^n\\(-2)^n-2^n&(-2)^n-2^n&(-2)^n+3\times 2^n&(-2)^n-2^n\\(-2)^n-2^n&(-2)^n-2^n&(-2)^n-2^n&(-2)^n+3\times 2^n\end{pmatrix}.$$

小结

$$\begin{pmatrix}a&b&\cdots&b\\b&a&\cdots&b\\\vdots&\vdots&&\vdots\\b&a&\cdots&a\end{pmatrix}=\begin{pmatrix}b&b&\cdots&b\\b&b&\cdots&b\\\vdots&\vdots&&\vdots\\b&a&\cdots&b\end{pmatrix}+(a-b)\boldsymbol{E}=\boldsymbol{B}+(a-b)\boldsymbol{E},a\neq b.$$

例15 设 $\mathbf{A}=\begin{pmatrix}1&-1&-1&-1\\-1&1&-1&-1\\-1&-1&1&-1\\-1&-1&-1&1\end{pmatrix}$，$f(x)=1+x+x^2+\cdots+x^{2n+1}$，则 $f(\mathbf{A})=$ ________.

【答案】$\dfrac{4^{n+1}-1}{3}(\mathbf{E}+\mathbf{A})$

线索

实对称矩阵的正交对角化.

【解析】由

$$|\lambda\mathbf{E}-\mathbf{A}|=\begin{vmatrix}\lambda-1&1&1&1\\1&\lambda-1&1&1\\1&1&\lambda-1&1\\1&1&1&\lambda-1\end{vmatrix}=(\lambda-2)^3(\lambda+2)=0,$$

可得 $\boldsymbol{A}$ 的特征值为 $-2,2,2,2$. 因为 $\boldsymbol{A}^{\mathrm{T}}=\boldsymbol{A}$,故存在正交矩阵 $\boldsymbol{Q}$,使得

$$\boldsymbol{Q}^{\mathrm{T}}\boldsymbol{A}\boldsymbol{Q}=\begin{pmatrix}-2&&&\\&2&&\\&&2&\\&&&2\end{pmatrix}\overset{\Delta}{=}\boldsymbol{\Lambda},$$

于是可以解得 $\boldsymbol{A}=\boldsymbol{Q}\boldsymbol{\Lambda}\boldsymbol{Q}^{\mathrm{T}}$,从而

$$\boldsymbol{A}^2=\boldsymbol{Q}\boldsymbol{\Lambda}^2\boldsymbol{Q}^{\mathrm{T}}=\boldsymbol{Q}\begin{pmatrix}4&&&\\&4&&\\&&4&\\&&&4\end{pmatrix}\boldsymbol{Q}^{\mathrm{T}}=4\boldsymbol{E},$$

$$\boldsymbol{A}^3=\boldsymbol{A}^2\boldsymbol{A}=4\boldsymbol{A},\boldsymbol{A}^4=\boldsymbol{A}^2\boldsymbol{A}^2=4^2\boldsymbol{E},\cdots\boldsymbol{A}^{2n}=\boldsymbol{A}^2\boldsymbol{A}^2=4^n\boldsymbol{E},\cdots\boldsymbol{A}^{2n+1}=4^n\boldsymbol{A},$$

故

$$\begin{aligned}f(\boldsymbol{A})&=\boldsymbol{E}+\boldsymbol{A}+\boldsymbol{A}^2+\cdots+\boldsymbol{A}^{2n+1}=\boldsymbol{E}+\boldsymbol{A}+4\boldsymbol{E}+4\boldsymbol{A}+\cdots+4^n\boldsymbol{E}+4^n\boldsymbol{A}\\&=(1+4+4^2+\cdots+4^n)(\boldsymbol{E}+\boldsymbol{A})=\frac{1-4^{n+1}}{1-4}(\boldsymbol{E}+\boldsymbol{A})\\&=\frac{4^{n+1}-1}{3}(\boldsymbol{E}+\boldsymbol{A}).\end{aligned}$$

小结

矩阵多项式的计算,一般都要计算方阵的幂,应当先计算方阵的幂,再考虑矩阵多项式的计算.

例16 设 $\boldsymbol{A}$ 是 3 阶矩阵,$\boldsymbol{b}=(9,18-18)^{\mathrm{T}}$,方程组 $\boldsymbol{A}\boldsymbol{x}=\boldsymbol{b}$ 有解 $k_1(-2,1,0)^{\mathrm{T}}+k_2(2,0,1)^{\mathrm{T}}+(1,2,-2)^{\mathrm{T}}$,其中 k_1,k_2 是任意常数.

(1) 求 $\boldsymbol{A}$;

(2) 求 $\boldsymbol{A}^{100}$.

线索

矩阵方程,秩为 1 的分解法.

【解】(1) 由题意知 $\boldsymbol{A}\begin{pmatrix}-2&2&1\\1&0&2\\0&1&-2\end{pmatrix}=\begin{pmatrix}0&0&9\\0&0&18\\0&0&-18\end{pmatrix}$,从而

$$\begin{aligned}\boldsymbol{A}&=\begin{pmatrix}0&0&9\\0&0&18\\0&0&-18\end{pmatrix}\begin{pmatrix}-2&2&1\\1&0&2\\0&1&-2\end{pmatrix}^{-1}\\&=\begin{pmatrix}0&0&9\\0&0&18\\0&0&-18\end{pmatrix}\begin{pmatrix}-\frac{2}{9}&\frac{5}{9}&\frac{4}{9}\\\frac{2}{9}&\frac{4}{9}&\frac{5}{9}\\\frac{1}{9}&\frac{2}{9}&-\frac{2}{9}\end{pmatrix}=\begin{pmatrix}1&2&-2\\2&4&-4\\-2&-4&4\end{pmatrix}.\end{aligned}$$

(2) 由(1) 知 $R(\boldsymbol{A})=1$,故根据秩为 1 的分解法有

$$\boldsymbol{A}^{100}=[\operatorname{tr}(\boldsymbol{A})]^{99}\boldsymbol{A}=9^{99}\boldsymbol{A}=9^{99}\begin{pmatrix}1&2&-2\\2&4&-4\\-2&-4&4\end{pmatrix}.$$

小结

已知线性方程组 $\boldsymbol{Ax}=\boldsymbol{b}$ 的通解,可构造矩阵方程 $\boldsymbol{AX}=\boldsymbol{B}$,从而得到已知解 $\boldsymbol{X}$ 和 $\boldsymbol{B}$ 的矩阵方程,可以反求 $\boldsymbol{A}$.

题型3 逆矩阵的定义及运算

一阶溯源

例1 设 $\boldsymbol{A},\boldsymbol{B},\boldsymbol{C}$ 均为 n 阶矩阵,$\boldsymbol{E}$ 为 n 阶单位矩阵,且 $\boldsymbol{ABC}=\boldsymbol{E}$,则必有(　　).

(A)$\boldsymbol{ACB}=\boldsymbol{E}$　　(B)$\boldsymbol{CBA}=\boldsymbol{E}$　　(C)$\boldsymbol{BAC}=\boldsymbol{E}$　　(D)$\boldsymbol{BCA}=\boldsymbol{E}$

【答案】(D)

线索

关于逆矩阵的定义,要掌握它的等价定义及轮换性.

【解析】$\boldsymbol{ABC}=\boldsymbol{BCA}=\boldsymbol{CAB}=\boldsymbol{E}$.

故选(D).

例2 设 $\boldsymbol{A},\boldsymbol{B},\boldsymbol{C}$ 均为 n 阶矩阵,且 $\boldsymbol{AB}=\boldsymbol{BC}=\boldsymbol{CA}=\boldsymbol{E}$,$\boldsymbol{A}^2+\boldsymbol{B}^2+\boldsymbol{C}^2=$________.

【答案】$3\boldsymbol{E}$

线索

逆矩阵的构造及逆矩阵的唯一性.

【解析】**方法一:**$\boldsymbol{A}^2=\boldsymbol{A}(\boldsymbol{BC})\boldsymbol{A}=\boldsymbol{ABCA}=\boldsymbol{EE}=\boldsymbol{E}$,

同理

$$\boldsymbol{B}^2=\boldsymbol{B}(\boldsymbol{CA})\boldsymbol{B}=\boldsymbol{BCAB}=\boldsymbol{EE}=\boldsymbol{E},\boldsymbol{C}^2=\boldsymbol{C}(\boldsymbol{AB})\boldsymbol{C}=\boldsymbol{CABC}=\boldsymbol{EE}=\boldsymbol{E},$$

故

$$\boldsymbol{A}^2+\boldsymbol{B}^2+\boldsymbol{C}^2=3\boldsymbol{E}.$$

方法二:由逆矩阵的唯一性知

$$\boldsymbol{A}=\boldsymbol{B}=\boldsymbol{C}\Rightarrow\boldsymbol{A}^2=\boldsymbol{B}^2=\boldsymbol{C}^2=\boldsymbol{E}.$$

故

$$\boldsymbol{A}^2+\boldsymbol{B}^2+\boldsymbol{C}^2=3\boldsymbol{E}.$$

例3 设 $\boldsymbol{A},\boldsymbol{B},\boldsymbol{C}$ 为 n 阶矩阵,并满足 $\boldsymbol{ABAC}=\boldsymbol{E}$,则下列结论中不正确的是(　　).

(A)$\boldsymbol{A}^{\mathrm{T}}\boldsymbol{B}^{\mathrm{T}}\boldsymbol{A}^{\mathrm{T}}\boldsymbol{C}^{\mathrm{T}}=\boldsymbol{E}$　　(B)$\boldsymbol{BAC}=\boldsymbol{CAB}$

(C)$\boldsymbol{BA}^2\boldsymbol{C}=\boldsymbol{E}$　　(D)$\boldsymbol{ACAB}=\boldsymbol{CABA}$

【答案】(C)

线索

掌握逆矩阵的轮换性及矩阵乘法的倒序律，逆矩阵的唯一性.

【解析】$\boldsymbol{ABAC}=\boldsymbol{E}\Rightarrow \boldsymbol{BACA}=\boldsymbol{ACAB}=\boldsymbol{CABA}=\boldsymbol{E}$，知(B)、(D) 两项正确.

$\boldsymbol{CABA}=\boldsymbol{E}\Rightarrow \boldsymbol{A}^{\mathrm{T}}\boldsymbol{B}^{\mathrm{T}}\boldsymbol{A}^{\mathrm{T}}\boldsymbol{C}^{\mathrm{T}}=\boldsymbol{E}$，知(A) 项正确.

故选(C).

例4 设方阵 $\boldsymbol{A}$ 满足 $\boldsymbol{A}^2-\boldsymbol{A}-2\boldsymbol{E}=\boldsymbol{O}$，证明 $\boldsymbol{A}$ 及 $\boldsymbol{A}+2\boldsymbol{E}$ 均可逆，并求 $\boldsymbol{A}^{-1}$ 及 $(\boldsymbol{A}+2\boldsymbol{E})^{-1}$.

线索

求抽象矩阵的逆矩阵，一般由 $\boldsymbol{AB}=\boldsymbol{BA}=\boldsymbol{E}\Rightarrow \boldsymbol{A}=\boldsymbol{B}^{-1},\boldsymbol{B}=\boldsymbol{A}^{-1}$.

【解】由题意得 $\boldsymbol{A}(\boldsymbol{A}-\boldsymbol{E})=2\boldsymbol{E}$，则 $\boldsymbol{A}^{-1}=\dfrac{1}{2}(\boldsymbol{A}-\boldsymbol{E})$.

又 $(\boldsymbol{A}+2\boldsymbol{E})(\boldsymbol{A}-3\boldsymbol{E})=-4\boldsymbol{E}$，则 $(\boldsymbol{A}+2\boldsymbol{E})^{-1}=-\dfrac{1}{4}(\boldsymbol{A}-3\boldsymbol{E})$.

二阶提炼

例5 设 $\boldsymbol{A}^2=\boldsymbol{E}$，$\boldsymbol{E}$ 是 n 阶单位矩阵，则以下结论正确的是(　　).

(A) $\boldsymbol{A}-\boldsymbol{E}$ 可逆

(B) 当 $\boldsymbol{A}\neq\boldsymbol{E}$ 时，$\boldsymbol{A}+\boldsymbol{E}$ 可逆

(C) $\boldsymbol{A}+\boldsymbol{E}$ 可逆

(D) 当 $\boldsymbol{A}\neq\boldsymbol{E}$ 时，$\boldsymbol{A}+\boldsymbol{E}$ 不可逆

【答案】(D)

【解析】由 $\boldsymbol{A}^2=\boldsymbol{E}$ 得 $(\boldsymbol{A}+\boldsymbol{E})(\boldsymbol{A}-\boldsymbol{E})=\boldsymbol{O}$，利用秩的性质有

$$R(\boldsymbol{A}+\boldsymbol{E})+R(\boldsymbol{A}-\boldsymbol{E})\leqslant n.$$

$R(\boldsymbol{A}+\boldsymbol{E})+R(\boldsymbol{A}-\boldsymbol{E})=R(\boldsymbol{A}+\boldsymbol{E})+R(\boldsymbol{E}-\boldsymbol{A})\geqslant R[(\boldsymbol{A}+\boldsymbol{E})+(\boldsymbol{E}-\boldsymbol{A})]=R(2\boldsymbol{E})=n$，故有

$$R(\boldsymbol{A}+\boldsymbol{E})+R(\boldsymbol{A}-\boldsymbol{E})=n.$$

当 $\boldsymbol{A}\neq\boldsymbol{E}$ 时，$R(\boldsymbol{A}-\boldsymbol{E})\geqslant 1$，代入上式可得 $R(\boldsymbol{A}+\boldsymbol{E})<n$，即 $\boldsymbol{A}+\boldsymbol{E}$ 不可逆.

故选(D).

小结

利用秩与方阵阶数的关系来判定方阵的可逆性.

例6 设 $\boldsymbol{A},\boldsymbol{B},\boldsymbol{A}+\boldsymbol{B},\boldsymbol{A}^{-1}+\boldsymbol{B}^{-1}$ 皆为可逆矩阵，则 $(\boldsymbol{A}^{-1}+\boldsymbol{B}^{-1})^{-1}\boldsymbol{B}^{-1}=$(　　).

(A) $(\boldsymbol{A}+\boldsymbol{B})\boldsymbol{B}^{-1}$　　(B) $(\boldsymbol{B}+\boldsymbol{A})^{-1}\boldsymbol{A}$　　(C) $\boldsymbol{A}(\boldsymbol{A}+\boldsymbol{B})^{-1}$　　(D) $(\boldsymbol{A}+\boldsymbol{B})^{-1}\boldsymbol{B}^{-1}$

【答案】(C)

【解析】
$$\begin{aligned}(\boldsymbol{A}^{-1}+\boldsymbol{B}^{-1})^{-1}\boldsymbol{B}^{-1}&=[\boldsymbol{B}(\boldsymbol{A}^{-1}+\boldsymbol{B}^{-1})]^{-1}=(\boldsymbol{BA}^{-1}+\boldsymbol{E})^{-1}\\&=[(\boldsymbol{B}+\boldsymbol{A})\boldsymbol{A}^{-1}]^{-1}=\boldsymbol{A}(\boldsymbol{B}+\boldsymbol{A})^{-1}.\end{aligned}$$

故选(C).

小结

一般$(AB)^{-1}=B^{-1}A^{-1}$，$(A+B)^{-1}\neq A^{-1}+B^{-1}$.

例7 设A为n阶矩阵，$E+A$可逆，则下列等式中不成立的是(　　).

(A)$(A+E)^2(A-E)=(A-E)(A+E)^2$

(B)$(A+E)^T(A-E)=(A-E)(A+E)^T$

(C)$(A+E)^{-1}(A-E)=(A-E)(A+E)^{-1}$

(D)$(A+E)^*(A-E)=(A-E)(A+E)^*$

【答案】(B)

【解析】由$f(A)g(A)=g(A)f(A)$，知(A)项正确；

由
$$(A+E)^{-1}(A-E)=(A+E)^{-1}(A+E-2E)=E-2E(A+E)^{-1},$$
$$(A-E)(A+E)^{-1}=(A+E-2E)(A+E)^{-1}=E-2E(A+E)^{-1},$$
知(C)项正确；

或者将(C)项两边左乘$(A+E)$，再右乘$(A+E)$，转化成$(A-E)(A+E)=(A+E)(A-E)$.

同理(C)：$(A+E)^*=(A+E)^{-1}|A+E|$，知(D)项正确.

由
$$(A+E)^T(A-E)=(A^T+E^T)(A-E)=A^TA-A^T+A-E,$$
$$(A-E)(A+E)^T=(A-E)(A^T+E)=AA^T+A-A^T-E,$$
但A^TA与AA^T未必相等，知(B)项不正确，

故选(B).

小结

任意两个矩阵A的多项式是可交换的，和差的转置等于转置的和差；和差的逆一般不等于逆的和差；和差的伴随一般不等于伴随的和差；伴随一般习惯于转化成逆矩阵来说明.

例8 设A为n阶反对称矩阵，且$|A|\neq 0$，B为n阶可逆矩阵，A^*是A的伴随矩阵，则$[A^TA^*(B^{-1})^T]^{-1}=$(　　).

(A)$-\dfrac{B}{|A|}$　　(B)$\dfrac{B}{|A|}$　　(C)$-\dfrac{B^T}{|A|}$　　(D)$\dfrac{B^T}{|A|}$

【答案】(C)

【解析】由题意可得$A^T=-A$，则
$$[A^TA^*(B^{-1})^T]^{-1}=[-A|A|A^{-1}(B^T)^{-1}]^{-1}=[-|A|(B^T)^{-1}]^{-1}=-\frac{B^T}{|A|}.$$

故选(C).

小结

本题需要熟练运用矩阵运算的性质，方可选出答案.

例9 设A,B都是n阶矩阵，$A+B$可逆，证明：
$$B(A+B)^{-1}A=A(A+B)^{-1}B.$$

【证明】要证 $\boldsymbol{B}(\boldsymbol{A}+\boldsymbol{B})^{-1}\boldsymbol{A}=\boldsymbol{A}(\boldsymbol{A}+\boldsymbol{B})^{-1}\boldsymbol{B}$，即证

$$\boldsymbol{B}(\boldsymbol{A}+\boldsymbol{B})^{-1}\boldsymbol{A}+\boldsymbol{A}(\boldsymbol{A}+\boldsymbol{B})^{-1}\boldsymbol{A}=\boldsymbol{A}(\boldsymbol{A}+\boldsymbol{B})^{-1}\boldsymbol{B}+\boldsymbol{A}(\boldsymbol{A}+\boldsymbol{B})^{-1}\boldsymbol{A}$$

$$\Leftrightarrow(\boldsymbol{B}+\boldsymbol{A})(\boldsymbol{A}+\boldsymbol{B})^{-1}\boldsymbol{A}=\boldsymbol{A}(\boldsymbol{A}+\boldsymbol{B})^{-1}(\boldsymbol{B}+\boldsymbol{A})\Leftrightarrow\boldsymbol{A}=\boldsymbol{A}.$$

故 $\boldsymbol{B}(\boldsymbol{A}+\boldsymbol{B})^{-1}\boldsymbol{A}=\boldsymbol{A}(\boldsymbol{A}+\boldsymbol{B})^{-1}\boldsymbol{B}$ 成立.

小结

证明矩阵等式可考虑其等价转化的形式.

例10 设 $\boldsymbol{A}=\boldsymbol{E}+2\boldsymbol{\alpha}\boldsymbol{\beta}^{\mathrm{T}}$，其中 $\boldsymbol{\alpha},\boldsymbol{\beta}$ 为 n 维列向量，且 $\boldsymbol{\alpha}^{\mathrm{T}}\boldsymbol{\beta}=2$，则 $\boldsymbol{A}^{-1}=$________.

【答案】$\dfrac{1}{5}(6\boldsymbol{E}-\boldsymbol{A})$

【解析】$\boldsymbol{A}^{2}=(\boldsymbol{E}+2\boldsymbol{\alpha}\boldsymbol{\beta}^{\mathrm{T}})^{2}=\boldsymbol{E}+12\boldsymbol{\alpha}\boldsymbol{\beta}^{\mathrm{T}}=\boldsymbol{E}+6(\boldsymbol{A}-\boldsymbol{E})=6\boldsymbol{A}-5\boldsymbol{E}$

$$\Rightarrow 5\boldsymbol{E}=(6\boldsymbol{E}-\boldsymbol{A})\boldsymbol{A}\Rightarrow\boldsymbol{A}^{-1}=\frac{1}{5}(6\boldsymbol{E}-\boldsymbol{A}).$$

小结

列向量与行向量的乘积一般先要做平方，并将行向量与列向量的乘积先结合作运算，再利用逆矩阵的定义求逆.

例11 设 n 维向量 $\boldsymbol{\alpha}=(a,0,\cdots,0,a)^{\mathrm{T}}$，$a<0$，$\boldsymbol{E}$ 为 n 阶单位矩阵，矩阵 $\boldsymbol{A}=\boldsymbol{E}-\boldsymbol{\alpha}\boldsymbol{\alpha}^{\mathrm{T}}$，$\boldsymbol{B}=\boldsymbol{E}+\dfrac{1}{a}\boldsymbol{\alpha}\boldsymbol{\alpha}^{\mathrm{T}}$，且 $\boldsymbol{B}$ 为 $\boldsymbol{A}$ 的逆矩阵，则 $a=$________.

【答案】-1

【解析】由题意可得 $\boldsymbol{\alpha}^{\mathrm{T}}\boldsymbol{\alpha}=(a,0,\cdots,0,a)(a,0,\cdots,0,a)^{\mathrm{T}}=2a^{2}\neq 0$，

$$\begin{aligned}\boldsymbol{A}\boldsymbol{B}&=(\boldsymbol{E}-\boldsymbol{\alpha}\boldsymbol{\alpha}^{\mathrm{T}})\left(\boldsymbol{E}+\frac{1}{a}\boldsymbol{\alpha}\boldsymbol{\alpha}^{\mathrm{T}}\right)=\boldsymbol{E}+\frac{1}{a}\boldsymbol{\alpha}\boldsymbol{\alpha}^{\mathrm{T}}-\boldsymbol{\alpha}\boldsymbol{\alpha}^{\mathrm{T}}-\frac{1}{a}\boldsymbol{\alpha}\boldsymbol{\alpha}^{\mathrm{T}}\boldsymbol{\alpha}\boldsymbol{\alpha}^{\mathrm{T}}\\&=\boldsymbol{E}+\frac{1}{a}\boldsymbol{\alpha}\boldsymbol{\alpha}^{\mathrm{T}}-\boldsymbol{\alpha}\boldsymbol{\alpha}^{\mathrm{T}}-\frac{1}{a}\boldsymbol{\alpha}(\boldsymbol{\alpha}^{\mathrm{T}}\boldsymbol{\alpha})\boldsymbol{\alpha}^{\mathrm{T}}=\boldsymbol{E}+\frac{1}{a}\boldsymbol{\alpha}\boldsymbol{\alpha}^{\mathrm{T}}-\boldsymbol{\alpha}\boldsymbol{\alpha}^{\mathrm{T}}-2a\boldsymbol{\alpha}\boldsymbol{\alpha}^{\mathrm{T}}\\&=\boldsymbol{E},\end{aligned}$$

故 $\dfrac{1}{a}-1-2a=0$，解得 $a=-1$ 或 $a=\dfrac{1}{2}$（舍）. 故 $a=-1$.

小结

题干中如果出现矩阵 $\boldsymbol{\alpha}\boldsymbol{\alpha}^{\mathrm{T}}$，一般都要通过矩阵乘法出现数值 $\boldsymbol{\alpha}^{\mathrm{T}}\boldsymbol{\alpha}$ 来求解.

例12 已知 $\boldsymbol{A}$ 为 n 阶可逆矩阵，满足 $\boldsymbol{A}^{3}=2\boldsymbol{E}$，$\boldsymbol{B}=\boldsymbol{A}^{2}+2\boldsymbol{A}+\boldsymbol{E}$，则 $\boldsymbol{B}^{-1}=$________.

【答案】$\dfrac{1}{9}(\boldsymbol{A}^{2}-\boldsymbol{A}+\boldsymbol{E})^{2}$

【解析】由 $\boldsymbol{B}=(\boldsymbol{A}+\boldsymbol{E})^{2}$ 得 $\boldsymbol{B}^{-1}=[(\boldsymbol{A}+\boldsymbol{E})^{2}]^{-1}=[(\boldsymbol{A}+\boldsymbol{E})^{-1}]^{2}$.

由 $\boldsymbol{A}^{3}=2\boldsymbol{E}$，$\boldsymbol{A}^{3}+\boldsymbol{E}=3\boldsymbol{E}$ 得 $(\boldsymbol{A}+\boldsymbol{E})(\boldsymbol{A}^{2}-\boldsymbol{A}+\boldsymbol{E})=3\boldsymbol{E}$.

故 $(\boldsymbol{A}+\boldsymbol{E})^{-1}=\dfrac{1}{3}(\boldsymbol{A}^{2}-\boldsymbol{A}+\boldsymbol{E})$，从而 $\boldsymbol{B}^{-1}=\dfrac{1}{9}(\boldsymbol{A}^{2}-\boldsymbol{A}+\boldsymbol{E})^{2}$.

小结

若 $\boldsymbol{A}$ 为 n 阶可逆矩阵，则 $(\boldsymbol{A}^{-1})^n=(\boldsymbol{A}^n)^{-1}$，$n$ 为正整数.

例13 矩阵 $\boldsymbol{M}=\begin{pmatrix} a & b & c & d \\ -b & a & -d & c \\ -c & d & a & -b \\ -d & -c & b & a \end{pmatrix}$，$a,b,c,d$ 不同时为零，求 $\boldsymbol{M}^{-1}$.

【解】$\boldsymbol{M}\boldsymbol{M}^{\mathrm{T}}=(a^2+b^2+c^2+d^2)\boldsymbol{E}_4 \Rightarrow \boldsymbol{M}^{-1}=\dfrac{1}{a^2+b^2+c^2+d^2}\boldsymbol{M}^{\mathrm{T}}$.

小结

(1) 此矩阵的每一行(列)的长度相同，且每两行(列)正交，故可采取正交矩阵的定义结构来构造矩阵等式求逆.

(2) $|\boldsymbol{M}\boldsymbol{M}^{\mathrm{T}}|=(a^2+b^2+c^2+d^2)^4$，又 $\boldsymbol{M}$ 的主对角元的乘积为 $a_{11}a_{22}a_{33}a_{44}=a^4$，所以 $|\boldsymbol{M}|=(a^2+b^2+c^2+d^2)^2$.

例14 设 $\boldsymbol{A}=\begin{pmatrix} 3 & 0 & 2 \\ 0 & 5 & 0 \\ 2 & 0 & 7 \end{pmatrix}$，$\boldsymbol{E}$ 是3阶单位矩阵，$\boldsymbol{B}=(\boldsymbol{A}-\boldsymbol{E})^{-1}(\boldsymbol{A}+\boldsymbol{E})$，则 $(\boldsymbol{B}-\boldsymbol{E})^{-1}=$ ________.

【答案】$\begin{pmatrix} 1 & 0 & 1 \\ 0 & 2 & 0 \\ 1 & 0 & 3 \end{pmatrix}$

【解析】由题意知，

$$\begin{aligned}\boldsymbol{B}-\boldsymbol{E}&=(\boldsymbol{A}-\boldsymbol{E})^{-1}(\boldsymbol{A}+\boldsymbol{E})-\boldsymbol{E}=(\boldsymbol{A}-\boldsymbol{E})^{-1}(\boldsymbol{A}+\boldsymbol{E})-(\boldsymbol{A}-\boldsymbol{E})^{-1}(\boldsymbol{A}-\boldsymbol{E})\\&=(\boldsymbol{A}-\boldsymbol{E})^{-1}[(\boldsymbol{A}+\boldsymbol{E})-(\boldsymbol{A}-\boldsymbol{E})]=2(\boldsymbol{A}-\boldsymbol{E})^{-1},\end{aligned}$$

从而

$$(\boldsymbol{B}-\boldsymbol{E})^{-1}=[2(\boldsymbol{A}-\boldsymbol{E})^{-1}]^{-1}=\frac{1}{2}(\boldsymbol{A}-\boldsymbol{E})=\begin{pmatrix} 1 & 0 & 1 \\ 0 & 2 & 0 \\ 1 & 0 & 3 \end{pmatrix}.$$

小结

利用单位矩阵 $\boldsymbol{E}=(\boldsymbol{A}-\boldsymbol{E})^{-1}(\boldsymbol{A}-\boldsymbol{E})$ 作恒等变形，再结合逆矩阵的性质来求解.

例15 已知 $\boldsymbol{A}$ 是 n 阶对称矩阵，且 $\boldsymbol{A}$ 可逆，若 $(\boldsymbol{A}-\boldsymbol{B})^2=\boldsymbol{E}$，化简 $(\boldsymbol{E}+\boldsymbol{A}^{-1}\boldsymbol{B}^{\mathrm{T}})^{\mathrm{T}}(\boldsymbol{E}-\boldsymbol{B}\boldsymbol{A}^{-1})^{-1}$.

【解】
$$\begin{aligned}(\boldsymbol{E}+\boldsymbol{A}^{-1}\boldsymbol{B}^{\mathrm{T}})^{\mathrm{T}}(\boldsymbol{E}-\boldsymbol{B}\boldsymbol{A}^{-1})^{-1}&=(\boldsymbol{A}^{-1}\boldsymbol{A}+\boldsymbol{A}^{-1}\boldsymbol{B}^{\mathrm{T}})^{\mathrm{T}}(\boldsymbol{A}\boldsymbol{A}^{-1}-\boldsymbol{B}\boldsymbol{A}^{-1})^{-1}\\&=[\boldsymbol{A}^{-1}(\boldsymbol{A}+\boldsymbol{B}^{\mathrm{T}})]^{\mathrm{T}}[(\boldsymbol{A}-\boldsymbol{B})\boldsymbol{A}^{-1}]^{-1}=[\boldsymbol{A}^{-1}(\boldsymbol{A}^{\mathrm{T}}+\boldsymbol{B}^{\mathrm{T}})]^{\mathrm{T}}[(\boldsymbol{A}-\boldsymbol{B})\boldsymbol{A}^{-1}]^{-1}\\&=(\boldsymbol{A}^{\mathrm{T}}+\boldsymbol{B}^{\mathrm{T}})^{\mathrm{T}}(\boldsymbol{A}^{-1})^{\mathrm{T}}(\boldsymbol{A}^{-1})^{-1}(\boldsymbol{A}-\boldsymbol{B})^{-1}=(\boldsymbol{A}+\boldsymbol{B})(\boldsymbol{A}^{\mathrm{T}})^{-1}\boldsymbol{A}(\boldsymbol{A}-\boldsymbol{B})^{-1}\\&=(\boldsymbol{A}+\boldsymbol{B})\boldsymbol{A}^{-1}\boldsymbol{A}(\boldsymbol{A}-\boldsymbol{B})^{-1}=(\boldsymbol{A}+\boldsymbol{B})(\boldsymbol{A}-\boldsymbol{B})^{-1}.\end{aligned}$$

再由 $(\boldsymbol{A}-\boldsymbol{B})^2=\boldsymbol{E}$ 得 $(\boldsymbol{A}-\boldsymbol{B})^{-1}=\boldsymbol{A}-\boldsymbol{B}$，从而

$$(\boldsymbol{A}+\boldsymbol{B})(\boldsymbol{A}-\boldsymbol{B})^{-1}=(\boldsymbol{A}+\boldsymbol{B})(\boldsymbol{A}-\boldsymbol{B}).$$

小结

(1) A 为对称矩阵，有 $A^T=A,(AB)^T=B^TA^T,(AB)^{-1}=B^{-1}A^{-1}$；

(2) 千万要注意 $(A+B)(A-B)\neq A^2-B^2$.

三阶突破

例16 设 $f(x)=a_0+a_1x+a_2x^2+\cdots+a_nx^n$，其中 $a_0\neq 0$，A 是 n 阶矩阵，$|A|=2$，且 $f(A)=O$，则 $A^*=$________.

【答案】$-\dfrac{2}{a_0}(a_1E+a_2A+\cdots+a_nA^{n-1})$

线索

$f(x)=\sum\limits_{k=0}^{n}a_kx^k\Rightarrow f(A)=\sum\limits_{k=0}^{n}a_kA^k$，且 A 可逆时，$A^*=A^{-1}|A|$.

【解析】$f(A)=a_0E+a_1A+a_2A^2+\cdots+a_nA^n=O$

$$\Rightarrow A(a_1E+a_2A+\cdots+a_nA^{n-1})=-a_0E.$$

又 $a_0\neq 0$，知 A 可逆，且

$$A^{-1}=-\frac{1}{a_0}(a_1E+a_2A+\cdots+a_nA^{n-1})$$

$$\Rightarrow A^*=A^{-1}|A|=-\frac{2}{a_0}(a_1E+a_2A+\cdots+a_nA^{n-1}).$$

小结

注意构造 $AA^*=|A|E$.

例17 设 $A=(a_{ij})_{3\times 3}$ 为 3 阶实矩阵，且 $A_{ij}=a_{ij}(i,j=1,2,3)$，其中 A_{ij} 为 a_{ij} 的代数余子式，$a_{33}=1$，$|A|=1$，则方程组 $A\begin{pmatrix}x_1\\x_2\\x_3\end{pmatrix}=\begin{pmatrix}0\\0\\1\end{pmatrix}$ 的解为________.

【答案】$(0,0,1)^T$

线索

由 $|A|=1$ 得 A 可逆，则 $A^{-1}=\dfrac{A^*}{|A|}$，由 $A_{ij}=a_{ij}$ 得 $A^*=A^T$，结合矩阵的乘法，得 $\begin{pmatrix}x_1\\x_2\\x_3\end{pmatrix}=\begin{pmatrix}a_{31}\\a_{32}\\1\end{pmatrix}$，再结合行列式的按行展开得 a_{31},a_{32} 的值.

【解析】已知 $A^*=A^T$，故

$$\begin{pmatrix}x_1\\x_2\\x_3\end{pmatrix}=A^{-1}\begin{pmatrix}0\\0\\1\end{pmatrix}=\frac{A^*}{|A|}\begin{pmatrix}0\\0\\1\end{pmatrix}=A^T\begin{pmatrix}0\\0\\1\end{pmatrix}=\begin{pmatrix}a_{31}\\a_{32}\\1\end{pmatrix}.$$

又 $|\boldsymbol{A}|=a_{31}A_{31}+a_{32}A_{32}+a_{33}A_{33}=a_{31}^2+a_{32}^2+1=1$，得 $a_{31}=0,a_{32}=0$，所以

$$\begin{pmatrix}x_1\\x_2\\x_3\end{pmatrix}=\begin{pmatrix}0\\0\\1\end{pmatrix}.$$

小结

见到题目条件中，有 $\boldsymbol{A}^*$，想与 $\boldsymbol{A}^*$ 相关的一系列公式：

$$\begin{cases}(1)\boldsymbol{A}\boldsymbol{A}^*=\boldsymbol{A}^*\boldsymbol{A}=|\boldsymbol{A}|\boldsymbol{E}.\\(2)\boldsymbol{A}^{-1}=\dfrac{\boldsymbol{A}^*}{|\boldsymbol{A}|}.\\(3)\boldsymbol{A}^*=|\boldsymbol{A}|\boldsymbol{A}^{-1}.\\(4)(\boldsymbol{A}^*)^*=|\boldsymbol{A}|^{n-2}\boldsymbol{A}.\\(5)(\boldsymbol{A}^*)^{-1}=(\boldsymbol{A}^{-1})^*=\dfrac{1}{|\boldsymbol{A}|}\boldsymbol{A}.\\(6)|\boldsymbol{A}^*|=|\boldsymbol{A}|^{n-1}.\end{cases}$$

例18 设 $\boldsymbol{A}=\begin{pmatrix}1&0&1\\2&1&0\\-3&2&-5\end{pmatrix}$，则 $|[(\boldsymbol{E}-\boldsymbol{A})^*]^{-1}|=$（　　）.

(A) $-\dfrac{1}{4}$　　(B) $\dfrac{1}{4}$　　(C) $-\dfrac{1}{16}$　　(D) $\dfrac{1}{16}$

【答案】(C)

线索

$(\boldsymbol{E}-\boldsymbol{A})^*=|\boldsymbol{E}-\boldsymbol{A}|(\boldsymbol{E}-\boldsymbol{A})^{-1}$，从而将已知的等式恒等变形.

【解析】$[(\boldsymbol{E}-\boldsymbol{A})^*]^{-1}=[|\boldsymbol{E}-\boldsymbol{A}|(\boldsymbol{E}-\boldsymbol{A})^{-1}]^{-1}=\dfrac{1}{|\boldsymbol{E}-\boldsymbol{A}|}(\boldsymbol{E}-\boldsymbol{A})$，

又 $|\boldsymbol{E}-\boldsymbol{A}|=\begin{vmatrix}0&0&-1\\-2&0&0\\3&-2&6\end{vmatrix}=-4$，故

$$|[(\boldsymbol{E}-\boldsymbol{A})^*]^{-1}|=\left(-\frac{1}{4}\right)^3(-4)=\frac{1}{16}.$$

故选(C).

小结

$|k\boldsymbol{A}|=k^n|\boldsymbol{A}|$，$\boldsymbol{A}^*=|\boldsymbol{A}|\boldsymbol{A}^{-1}$.

题型4 分块矩阵的运算

一阶溯源

例1 计算 $\begin{pmatrix}1&2&1&0\\0&1&0&1\\0&0&2&1\\0&0&0&3\end{pmatrix}\begin{pmatrix}1&0&3&1\\0&1&2&-1\\0&0&-2&3\\0&0&0&-3\end{pmatrix}$.

线索

按矩阵的形式进行适当的分块,若

$$\boldsymbol{AB}=\boldsymbol{C},\boldsymbol{A}=\begin{pmatrix}\boldsymbol{A}_{11}&\boldsymbol{A}_{12}&\cdots&\boldsymbol{A}_{1s}\\\boldsymbol{A}_{21}&\boldsymbol{A}_{22}&\cdots&\boldsymbol{A}_{2s}\\\vdots&\vdots&&\vdots\\\boldsymbol{A}_{m1}&\boldsymbol{A}_{m2}&\cdots&\boldsymbol{A}_{ms}\end{pmatrix},\boldsymbol{B}=\begin{pmatrix}\boldsymbol{B}_{11}&\boldsymbol{B}_{12}&\cdots&\boldsymbol{B}_{1l}\\\boldsymbol{B}_{21}&\boldsymbol{B}_{22}&\cdots&\boldsymbol{B}_{2l}\\\vdots&\vdots&&\vdots\\\boldsymbol{B}_{s1}&\boldsymbol{B}_{s2}&\cdots&\boldsymbol{B}_{sl}\end{pmatrix},$$

$\boldsymbol{A}$ 的列分块形式与 $\boldsymbol{B}$ 的行分块形式相同,且

$$\boldsymbol{C}_{ij}=\boldsymbol{A}_{i1}\boldsymbol{B}_{1j}+\boldsymbol{A}_{i2}\boldsymbol{B}_{2j}+\cdots+\boldsymbol{A}_{is}\boldsymbol{B}_{sj},i=1,2,\cdots,m;j=1,2,\cdots,l.$$

【解】令 $\boldsymbol{A}=\begin{pmatrix}1&2\\0&1\end{pmatrix},\boldsymbol{B}=\begin{pmatrix}2&1\\0&3\end{pmatrix},\boldsymbol{C}=\begin{pmatrix}3&1\\2&-1\end{pmatrix},\boldsymbol{D}=\begin{pmatrix}-2&3\\0&-3\end{pmatrix}$,则

$$\begin{pmatrix}1&2&1&0\\0&1&0&1\\0&0&2&1\\0&0&0&3\end{pmatrix}\begin{pmatrix}1&0&3&1\\0&1&2&-1\\0&0&-2&3\\0&0&0&-3\end{pmatrix}=\begin{pmatrix}\boldsymbol{A}&\boldsymbol{E}\\\boldsymbol{O}&\boldsymbol{B}\end{pmatrix}\begin{pmatrix}\boldsymbol{E}&\boldsymbol{C}\\\boldsymbol{O}&\boldsymbol{D}\end{pmatrix}=\begin{pmatrix}\boldsymbol{A}&\boldsymbol{AC}+\boldsymbol{D}\\\boldsymbol{O}&\boldsymbol{BD}\end{pmatrix},$$

其中 $\boldsymbol{BD}=\begin{pmatrix}2&1\\0&3\end{pmatrix}\begin{pmatrix}-2&3\\0&-3\end{pmatrix}=\begin{pmatrix}-4&3\\0&-9\end{pmatrix},\boldsymbol{AC}=\begin{pmatrix}1&2\\0&1\end{pmatrix}\begin{pmatrix}3&1\\2&-1\end{pmatrix}=\begin{pmatrix}7&-1\\2&-1\end{pmatrix}$,

故原式 $=\begin{pmatrix}1&2&5&2\\0&1&2&-4\\0&0&-4&3\\0&0&0&-9\end{pmatrix}$.

例2 分块矩阵 $\boldsymbol{X}=\begin{pmatrix}\boldsymbol{A}_1&\boldsymbol{\alpha}_1\\\boldsymbol{\beta}_1&1\end{pmatrix},\boldsymbol{X}^{-1}=\begin{pmatrix}\boldsymbol{A}_2&\boldsymbol{\alpha}_2\\\boldsymbol{\beta}_2&k\end{pmatrix}$,其中 $\boldsymbol{A}_1,\boldsymbol{A}_2$ 为 n 阶可逆矩阵,$\boldsymbol{\alpha}_1,\boldsymbol{\alpha}_2$ 为 $n\times1$ 矩阵,$\boldsymbol{\beta}_1,\boldsymbol{\beta}_2$ 为 $1\times n$ 矩阵,则实数 $k=$( ).

(A) $\boldsymbol{\beta}_1\boldsymbol{A}_1\boldsymbol{\alpha}_1$ (B) $\boldsymbol{\beta}_1\boldsymbol{A}_1^{-1}\boldsymbol{\alpha}_1$ (C) $\dfrac{1}{1-\boldsymbol{\beta}_1\boldsymbol{A}_1^{-1}\boldsymbol{\alpha}_1}$ (D) $\dfrac{1}{1+\boldsymbol{\beta}_1\boldsymbol{A}_1\boldsymbol{\alpha}_1}$

【答案】(C)

线索

先将矩阵分块,再利用逆矩阵定义.

【解析】根据逆矩阵的定义有

$$XX^{-1}=\begin{pmatrix}A_1 & \alpha_1\\ \beta_1 & 1\end{pmatrix}\begin{pmatrix}A_2 & \alpha_2\\ \beta_2 & k\end{pmatrix}=\begin{pmatrix}A_1A_2+\alpha_1\beta_2 & A_1\alpha_2+k\alpha_1\\ \beta_1A_2+\beta_2 & \beta_1\alpha_2+k\end{pmatrix}=\begin{pmatrix}E & 0\\ 0 & 1\end{pmatrix}.$$

对比知

$$A_1A_2+\alpha_1\beta_2=E, \quad ①$$
$$A_1\alpha_2+k\alpha_1=0, \quad ②$$
$$\beta_1A_2+\beta_2=0, \quad ③$$
$$\beta_1\alpha_2+k=1. \quad ④$$

由 ④ 有 $k=1-\beta_1\alpha_2$，由 ② 得 $\alpha_2=-kA_1^{-1}\alpha_1$，所以

$$k=1-\beta_1(-kA_1^{-1}\alpha_1)\Rightarrow k=\frac{1}{1-\beta_1A_1^{-1}\alpha_1}.$$

故选(C).

二阶提炼

例3 设 $A=\begin{bmatrix}3 & 4 & 0 & 0\\ 4 & -3 & 0 & 0\\ 0 & 0 & 2 & 0\\ 0 & 0 & 2 & 2\end{bmatrix}$，求 $|A|^8$ 及 A^4.

【解】令 $A_1=\begin{pmatrix}3 & 4\\ 4 & -3\end{pmatrix}$，$A_2=\begin{pmatrix}2 & 0\\ 2 & 2\end{pmatrix}$，则

$$A=\begin{pmatrix}A_1 & O\\ O & A_2\end{pmatrix},\ |A|=|A_1||A_2|=(-25)\times 4=-100\Rightarrow |A|^8=10^{16}.$$

$$A_1^2=\begin{pmatrix}25 & 0\\ 0 & 25\end{pmatrix}\Rightarrow A_1^4=\begin{pmatrix}5^4 & 0\\ 0 & 5^4\end{pmatrix},A_2^2=\left[2\begin{pmatrix}1 & 0\\ 1 & 1\end{pmatrix}\right]^2=4\begin{pmatrix}1 & 0\\ 2 & 1\end{pmatrix}\Rightarrow A_2^4=2^4\begin{pmatrix}1 & 0\\ 4 & 1\end{pmatrix},$$

故 $A^4=\begin{bmatrix}5^4 & 0 & 0 & 0\\ 0 & 5^4 & 0 & 0\\ 0 & 0 & 2^4 & 0\\ 0 & 0 & 2^6 & 2^4\end{bmatrix}$.

小结

设 $A=\begin{bmatrix}A_1 & & & \\ & A_2 & & \\ & & \ddots & \\ & & & A_s\end{bmatrix}$，$A_1,A_2,\cdots,A_s$ 均为方阵，则

$$|A|=|A_1||A_2|\cdots|A_s|,A^n=\begin{bmatrix}A_1^n & & & \\ & A_2^n & & \\ & & \ddots & \\ & & & A_s^n\end{bmatrix}.$$

例4 设 $\boldsymbol{A}=\begin{pmatrix}1&1&0&0\\0&1&0&0\\0&0&1&0\\0&0&-1&1\end{pmatrix}$，则 $(\boldsymbol{E}+\boldsymbol{A})^{*}=$________.

【答案】$\begin{pmatrix}8&-4&0&0\\0&8&0&0\\0&0&8&0\\0&0&4&8\end{pmatrix}$

【解析】记 $\boldsymbol{B}=\boldsymbol{E}+\boldsymbol{A}=\begin{pmatrix}2&1&0&0\\0&2&0&0\\0&0&2&0\\0&0&-1&2\end{pmatrix}=\begin{pmatrix}\boldsymbol{B}_1&\boldsymbol{O}\\\boldsymbol{O}&\boldsymbol{B}_2\end{pmatrix}$，

其中 $\boldsymbol{B}_1=\begin{pmatrix}2&1\\0&2\end{pmatrix}$，$\boldsymbol{B}_2=\begin{pmatrix}2&0\\-1&2\end{pmatrix}$，可计算得

$$\boldsymbol{B}_1^{-1}=\frac{1}{|\boldsymbol{B}_1|}\boldsymbol{B}_1^{*}=\begin{pmatrix}\frac{1}{2}&-\frac{1}{4}\\0&\frac{1}{2}\end{pmatrix},$$

$$\boldsymbol{B}_2^{-1}=\frac{1}{|\boldsymbol{B}_2|}\boldsymbol{B}_2^{*}=\begin{pmatrix}\frac{1}{2}&0\\\frac{1}{4}&\frac{1}{2}\end{pmatrix},\boldsymbol{B}^{-1}=\begin{pmatrix}\boldsymbol{B}_1^{-1}&\boldsymbol{O}\\\boldsymbol{O}&\boldsymbol{B}_2^{-1}\end{pmatrix}=\begin{pmatrix}\frac{1}{2}&-\frac{1}{4}&0&0\\0&\frac{1}{2}&0&0\\0&0&\frac{1}{2}&0\\0&0&\frac{1}{4}&\frac{1}{2}\end{pmatrix},$$

$$\boldsymbol{B}^{*}=(\boldsymbol{E}+\boldsymbol{A})^{*}=|\boldsymbol{B}|\boldsymbol{B}^{-1}=16\begin{pmatrix}\frac{1}{2}&-\frac{1}{4}&0&0\\0&\frac{1}{2}&0&0\\0&0&\frac{1}{2}&0\\0&0&\frac{1}{4}&\frac{1}{2}\end{pmatrix}=\begin{pmatrix}8&-4&0&0\\0&8&0&0\\0&0&8&0\\0&0&4&8\end{pmatrix}.$$

小结

根据矩阵的结构将矩阵分块成准对角矩阵的结构，伴随矩阵转化成逆矩阵求解，二阶矩阵的逆，套公式结构.

三阶突破

例5 设 $\boldsymbol{A}$ 为 n 阶可逆矩阵，$\boldsymbol{\alpha}$ 为 n 维列向量，b 为常数，记分块矩阵 $\boldsymbol{P}=\begin{pmatrix}\boldsymbol{E} & \boldsymbol{O}\\ -\boldsymbol{\alpha}^{\mathrm{T}}\boldsymbol{A}^{*} & |\boldsymbol{A}|\end{pmatrix}$，$\boldsymbol{Q}=\begin{pmatrix}\boldsymbol{A} & \boldsymbol{\alpha}\\ \boldsymbol{\alpha}^{\mathrm{T}} & b\end{pmatrix}$，其中 $\boldsymbol{A}^{*}$ 为 $\boldsymbol{A}$ 的伴随矩阵.

(1) 计算 $\boldsymbol{PQ}$；

(2) 证明 $\boldsymbol{Q}$ 可逆的充分必要条件是 $\boldsymbol{\alpha}^{\mathrm{T}}\boldsymbol{A}^{-1}\boldsymbol{\alpha}\neq b$.

线索

分块矩阵的乘法运算与普通矩阵的乘法运算的方式一致.

【解】(1) $\boldsymbol{PQ}=\begin{pmatrix}\boldsymbol{E} & \boldsymbol{O}\\ -\boldsymbol{\alpha}^{\mathrm{T}}\boldsymbol{A}^{*} & |\boldsymbol{A}|\end{pmatrix}\begin{pmatrix}\boldsymbol{A} & \boldsymbol{\alpha}\\ \boldsymbol{\alpha}^{\mathrm{T}} & b\end{pmatrix}=\begin{pmatrix}\boldsymbol{A} & \boldsymbol{\alpha}\\ \boldsymbol{O} & -\boldsymbol{\alpha}^{\mathrm{T}}\boldsymbol{A}^{*}\boldsymbol{\alpha}+b|\boldsymbol{A}|\end{pmatrix}$.

(2) $|\boldsymbol{P}||\boldsymbol{Q}|=|\boldsymbol{A}|(-\boldsymbol{\alpha}^{\mathrm{T}}\boldsymbol{A}^{*}\boldsymbol{\alpha}+b|\boldsymbol{A}|)$，$|\boldsymbol{P}|=|\boldsymbol{A}|\neq 0$，

$|\boldsymbol{Q}|=(-\boldsymbol{\alpha}^{\mathrm{T}}\boldsymbol{A}^{*}\boldsymbol{\alpha}+b|\boldsymbol{A}|)=(-\boldsymbol{\alpha}^{\mathrm{T}}\boldsymbol{A}^{-1}|\boldsymbol{A}|\boldsymbol{\alpha}+b|\boldsymbol{A}|)=|\boldsymbol{A}|(-\boldsymbol{\alpha}^{\mathrm{T}}\boldsymbol{A}^{-1}\boldsymbol{\alpha}+b)$，

故 $\boldsymbol{Q}$ 可逆的充分必要条件是 $\boldsymbol{\alpha}^{\mathrm{T}}\boldsymbol{A}^{-1}\boldsymbol{\alpha}\neq b$.

小结

注意 $b-\boldsymbol{\alpha}^{\mathrm{T}}\boldsymbol{A}^{-1}\boldsymbol{\alpha}$ 为一个数，而不是矩阵.

题型5 化简矩阵方程

一阶溯源

例1 设 $\boldsymbol{A}=\begin{pmatrix}1 & 0 & 1\\ 0 & 2 & 0\\ 1 & 0 & 1\end{pmatrix}$，且 $\boldsymbol{AB}+\boldsymbol{E}=\boldsymbol{A}^{2}+\boldsymbol{B}$，求 $\boldsymbol{B}$.

线索

化简矩阵等式，一般需要适当提取或乘以公因式，进而求对应矩阵.

【解】由题意得 $(\boldsymbol{A}-\boldsymbol{E})\boldsymbol{B}=\boldsymbol{A}^{2}-\boldsymbol{E}$，因为

$$|\boldsymbol{A}-\boldsymbol{E}|=\begin{vmatrix}0 & 0 & 1\\ 0 & 1 & 0\\ 1 & 0 & 0\end{vmatrix}=-1\neq 0,$$

故 $\boldsymbol{A}-\boldsymbol{E}$ 可逆，则

$$(\boldsymbol{A}-\boldsymbol{E})^{-1}(\boldsymbol{A}-\boldsymbol{E})\boldsymbol{B}=(\boldsymbol{A}-\boldsymbol{E})^{-1}(\boldsymbol{A}-\boldsymbol{E})(\boldsymbol{A}+\boldsymbol{E})\Rightarrow\boldsymbol{B}=\boldsymbol{A}+\boldsymbol{E}.$$

故 $\boldsymbol{B}=\begin{pmatrix}2 & 0 & 1\\ 0 & 3 & 0\\ 1 & 0 & 2\end{pmatrix}$.

二阶提炼

例2 设 $\boldsymbol{A},\boldsymbol{B}$ 为 n 阶矩阵，满足 $\boldsymbol{AB}+\boldsymbol{BA}=\boldsymbol{E}$，则 $\boldsymbol{A}^3\boldsymbol{B}+\boldsymbol{BA}^3=$________.

【答案】$\boldsymbol{A}^2$

【解析】将 $\boldsymbol{AB}+\boldsymbol{BA}=\boldsymbol{E}$ 左、右分别乘以 $\boldsymbol{A}^2$，化简得

$$\begin{cases}\boldsymbol{A}^3\boldsymbol{B}+\boldsymbol{A}^2\boldsymbol{BA}=\boldsymbol{A}^2,\\ \boldsymbol{ABA}^2+\boldsymbol{BA}^3=\boldsymbol{A}^2\end{cases}\Rightarrow \boldsymbol{A}^3\boldsymbol{B}+\boldsymbol{BA}^3+\boldsymbol{A}^2\boldsymbol{BA}+\boldsymbol{ABA}^2=2\boldsymbol{A}^2,$$

$\boldsymbol{A}^3\boldsymbol{B}+\boldsymbol{BA}^3+\boldsymbol{A}(\boldsymbol{AB}+\boldsymbol{BA})\boldsymbol{A}=2\boldsymbol{A}^2\Rightarrow\boldsymbol{A}^3\boldsymbol{B}+\boldsymbol{BA}^3+\boldsymbol{A}^2=2\boldsymbol{A}^2\Rightarrow\boldsymbol{A}^3\boldsymbol{B}+\boldsymbol{BA}^3=\boldsymbol{A}^2$.

例3 已知矩阵 $\boldsymbol{A}$ 的伴随矩阵 $\boldsymbol{A}^*=\begin{pmatrix}1&&&\\&1&&\\&&1&\\&&&8\end{pmatrix}$，且 $\boldsymbol{ABA}^{-1}=\boldsymbol{BA}^{-1}+3\boldsymbol{E}$，求 $\boldsymbol{B}$.

【解】由 $|\boldsymbol{A}^*|=8=|\boldsymbol{A}|^3$ 得 $|\boldsymbol{A}|=2$，

由 $\boldsymbol{ABA}^{-1}=\boldsymbol{BA}^{-1}+3\boldsymbol{E}$ 得 $\boldsymbol{ABA}^*=\boldsymbol{BA}^*+6\boldsymbol{E}$，则 $(\boldsymbol{A}-\boldsymbol{E})\boldsymbol{BA}^*=6\boldsymbol{E}$，即

$$\boldsymbol{B}=6(\boldsymbol{A}-\boldsymbol{E})^{-1}(\boldsymbol{A}^*)^{-1}=6[\boldsymbol{A}^*(\boldsymbol{A}-\boldsymbol{E})]^{-1}=6(2\boldsymbol{E}-\boldsymbol{A}^*)^{-1}$$

$$=6\begin{pmatrix}1&&&\\&1&&\\&&1&\\&&&-6\end{pmatrix}^{-1}=6\begin{pmatrix}1&&&\\&1&&\\&&1&\\&&&-\frac{1}{6}\end{pmatrix}=\begin{pmatrix}6&&&\\&6&&\\&&6&\\&&&-1\end{pmatrix}.$$

小结

设 $\boldsymbol{A}$ 为 n 阶矩阵，$|\boldsymbol{A}^*|=|\boldsymbol{A}|^{n-1}$，$\boldsymbol{A}$ 可逆时，$\boldsymbol{A}^*=\boldsymbol{A}^{-1}|\boldsymbol{A}|$，$\boldsymbol{A},\boldsymbol{B}$ 为同阶可逆阵时，$(\boldsymbol{AB})^{-1}=\boldsymbol{B}^{-1}\boldsymbol{A}^{-1}$.

例4 设矩阵 $\boldsymbol{A}=\begin{pmatrix}0&-2&-3\\0&0&-2\\0&0&0\end{pmatrix}$，$\boldsymbol{B}=\begin{pmatrix}1&-1\\2&0\\0&-3\end{pmatrix}$，$\boldsymbol{E}$ 为单位矩阵，$\boldsymbol{AX}+\boldsymbol{B}=\boldsymbol{X}$，则 $\boldsymbol{X}=$________.

【答案】$\begin{pmatrix}-3&-4\\2&6\\0&-3\end{pmatrix}$

【解析】$(\boldsymbol{A}-\boldsymbol{E})\boldsymbol{X}=-\boldsymbol{B}\Rightarrow(\boldsymbol{E}-\boldsymbol{A})\boldsymbol{X}=\boldsymbol{B}\Rightarrow\boldsymbol{X}=(\boldsymbol{E}-\boldsymbol{A})^{-1}\boldsymbol{B}$.

又 $(\boldsymbol{E}-\boldsymbol{A}\ \vdots\ \boldsymbol{B})=\left(\begin{array}{ccc|cc}1&2&3&1&-1\\0&1&2&2&0\\0&0&1&0&-3\end{array}\right)\to\left(\begin{array}{ccc|cc}1&2&0&1&8\\0&1&0&2&6\\0&0&1&0&-3\end{array}\right)\to\left(\begin{array}{ccc|cc}1&0&0&-3&-4\\0&1&0&2&6\\0&0&1&0&-3\end{array}\right)$，

故 $\boldsymbol{X}=\begin{pmatrix}-3&-4\\2&6\\0&-3\end{pmatrix}$.

小结

若 $\boldsymbol{A}$ 可逆，$\boldsymbol{AX}=\boldsymbol{B}\Rightarrow\boldsymbol{X}=\boldsymbol{A}^{-1}\boldsymbol{B}$，$(\boldsymbol{A}\vdots\boldsymbol{B})\xrightarrow{\text{初等行变换}}(\boldsymbol{E}\vdots\boldsymbol{X})$.

例5 设 $\boldsymbol{A}=\begin{pmatrix}1&0&-1\\0&4&2\\1&-1&0\end{pmatrix}$，且 $\boldsymbol{AX}+\boldsymbol{AA}^*=\boldsymbol{A}^*+\boldsymbol{X}$，求 $\boldsymbol{X}$.

【解】$(\boldsymbol{A}-\boldsymbol{E})\boldsymbol{X}=\boldsymbol{A}^*-\boldsymbol{AA}^*=(\boldsymbol{E}-\boldsymbol{A})\boldsymbol{A}^*$，$|\boldsymbol{A}-\boldsymbol{E}|=3\neq0\Rightarrow\boldsymbol{X}=-\boldsymbol{A}^*$.

又 $|\boldsymbol{A}|=\begin{vmatrix}1&0&-1\\0&4&2\\1&-1&0\end{vmatrix}=6\neq0$，$\boldsymbol{A}$ 可逆，知 $\boldsymbol{X}=-\boldsymbol{A}^{-1}|\boldsymbol{A}|=-6\boldsymbol{A}^{-1}$，

又 $$(\boldsymbol{A}\vdots\boldsymbol{E})=\left(\begin{array}{ccc:ccc}1&0&-1&1&0&0\\0&4&2&0&1&0\\1&-1&0&0&0&1\end{array}\right)\xrightarrow{\text{初等行变换}}\left(\begin{array}{ccc:ccc}1&0&0&\frac{1}{3}&\frac{1}{6}&\frac{2}{3}\\0&1&0&\frac{1}{3}&\frac{1}{6}&-\frac{1}{3}\\0&0&1&-\frac{2}{3}&\frac{1}{6}&\frac{2}{3}\end{array}\right),$$

则 $$\boldsymbol{A}^{-1}=\frac{1}{6}\begin{pmatrix}2&1&4\\2&1&-2\\-4&1&4\end{pmatrix}\Rightarrow\boldsymbol{X}=\begin{pmatrix}-2&-1&-4\\-2&-1&2\\4&-1&-4\end{pmatrix}.$$

小结

(1) $|\boldsymbol{A}|\boldsymbol{E}=\boldsymbol{AA}^*$；(2) 此题用 $\boldsymbol{A}^*=\begin{pmatrix}A_{11}&A_{21}&A_{31}\\A_{12}&A_{22}&A_{32}\\A_{13}&A_{23}&A_{33}\end{pmatrix}$ 计算较简单.

例6 设 $(2\boldsymbol{E}-\boldsymbol{C}^{-1}\boldsymbol{B})\boldsymbol{A}^{\mathrm{T}}=\boldsymbol{C}^{-1}$，其中 $\boldsymbol{E}$ 是4阶单位矩阵，$\boldsymbol{A}^{\mathrm{T}}$ 是4阶矩阵 $\boldsymbol{A}$ 的转置矩阵，且

$$\boldsymbol{B}=\begin{pmatrix}1&2&-3&-2\\0&1&2&-3\\0&0&1&2\\0&0&0&1\end{pmatrix},\boldsymbol{C}=\begin{pmatrix}1&2&0&1\\0&1&2&0\\0&0&1&2\\0&0&0&1\end{pmatrix}$$

求矩阵 $\boldsymbol{A}$.

【解】对方程 $(2\boldsymbol{E}-\boldsymbol{C}^{-1}\boldsymbol{B})\boldsymbol{A}^{\mathrm{T}}=\boldsymbol{C}^{-1}$ 两边左乘 $\boldsymbol{C}$，有

$$(2\boldsymbol{C}-\boldsymbol{B})\boldsymbol{A}^{\mathrm{T}}=\boldsymbol{E},$$

从而可得

$$\boldsymbol{A}^{\mathrm{T}}=(2\boldsymbol{C}-\boldsymbol{B})^{-1}=\begin{pmatrix}1&2&3&4\\0&1&2&3\\0&0&1&2\\0&0&0&1\end{pmatrix}^{-1}=\begin{pmatrix}1&-2&1&0\\0&1&-2&1\\0&0&1&-2\\0&0&0&1\end{pmatrix},$$

于是

$$A=\begin{pmatrix}1&0&0&0\\-2&1&0&0\\1&-2&1&0\\0&1&-2&1\end{pmatrix}.$$

小结

先利用矩阵的性质进行运算，再求出矩阵 A.

三阶突破

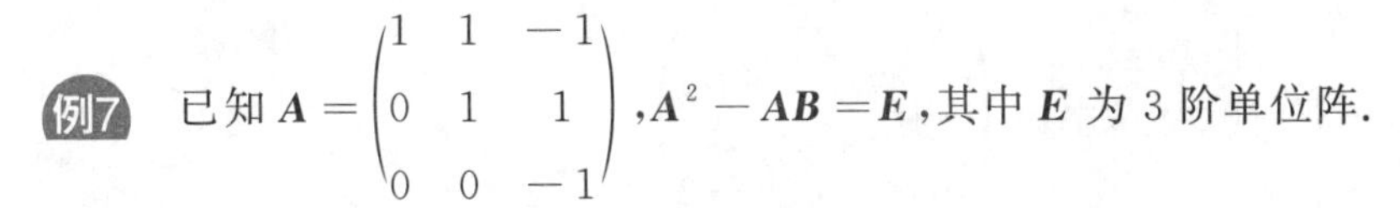

例7 已知 $A=\begin{pmatrix}1&1&-1\\0&1&1\\0&0&-1\end{pmatrix}$，$A^2-AB=E$，其中 E 为 3 阶单位阵.

(1) 求矩阵 B；

(2) 令 $C=4A^2-B^2-2BA+2AB$，计算 C 的伴随矩阵 C^*.

线索

化简矩阵方程，一般需提取或乘以公因式求出对应矩阵.

【解】(1) 由 $A(A-B)=E$ 得 $A-B=A^{-1}$，即 $B=A-A^{-1}$.

又 $A^{-1}=\begin{pmatrix}1&-1&-2\\0&1&1\\0&0&-1\end{pmatrix}$，则 $B=A-A^{-1}=\begin{pmatrix}0&2&1\\0&0&0\\0&0&0\end{pmatrix}$.

(2) 由(1)知 $A(A-B)=E$，则 $(A-B)A=E$，即 $AB=BA$.

因为 $B^2=\begin{pmatrix}0&2&1\\0&0&0\\0&0&0\end{pmatrix}\begin{pmatrix}0&2&1\\0&0&0\\0&0&0\end{pmatrix}=O$，则 $C=4A^2-B^2=4A^2$.

因此 $C^*=(4A^2)^*=16(A^*)^2=16(A^{-1}|A|)^2=16(A^{-1})^2=16\begin{pmatrix}1&-2&-1\\0&1&0\\0&0&1\end{pmatrix}$.

小结

A,B 为 n 阶方阵，$A(A-B)=E\Leftrightarrow(A-B)A=E\Rightarrow AB=BA$.

例8 已知 A,B 为 3 阶矩阵，且满足 $2A^{-1}B=B-4E$，其中 E 是 3 阶单位矩阵.

(1) 证明：矩阵 $A-2E$ 可逆；

(2) 若 $B=\begin{pmatrix}1&-2&0\\1&2&0\\0&0&2\end{pmatrix}$，求矩阵 A.

线索

解矩阵方程通常需要先化简，分解矩阵等式，再求解.

【解】(1)$2\boldsymbol{A}^{-1}\boldsymbol{B}=\boldsymbol{B}-4\boldsymbol{E}\Rightarrow 2\boldsymbol{B}=\boldsymbol{AB}-4\boldsymbol{A}\Rightarrow \boldsymbol{AB}-4\boldsymbol{A}-2\boldsymbol{B}=\boldsymbol{O}\Rightarrow(\boldsymbol{A}-2\boldsymbol{E})(\boldsymbol{B}-4\boldsymbol{E})=8\boldsymbol{E}$，故 $\boldsymbol{A}-2\boldsymbol{E}$ 可逆，且$(\boldsymbol{A}-2\boldsymbol{E})^{-1}=\dfrac{1}{8}(\boldsymbol{B}-4\boldsymbol{E})$.

(2) 由
$$(\boldsymbol{A}-2\boldsymbol{E})^{-1}=\frac{1}{8}(\boldsymbol{B}-4\boldsymbol{E})\Rightarrow(\boldsymbol{A}-2\boldsymbol{E})=8(\boldsymbol{B}-4\boldsymbol{E})^{-1}=8\begin{bmatrix}-\frac{1}{4} & \frac{1}{4} & 0\\ -\frac{1}{8} & -\frac{3}{8} & 0\\ 0 & 0 & -\frac{1}{2}\end{bmatrix},$$

得 $\boldsymbol{A}-2\boldsymbol{E}=\begin{pmatrix}-2 & 2 & 0\\ -1 & -3 & 0\\ 0 & 0 & -4\end{pmatrix}$，故 $\boldsymbol{A}=\begin{pmatrix}0 & 2 & 0\\ -1 & -1 & 0\\ 0 & 0 & -2\end{pmatrix}$.

小结

(1)$\boldsymbol{AB}-a\boldsymbol{A}-b\boldsymbol{B}=\boldsymbol{O}\Rightarrow(\boldsymbol{A}-b\boldsymbol{E})(\boldsymbol{B}-a\boldsymbol{E})=ab\boldsymbol{E}$.

(2) 若 $\boldsymbol{A}_1,\boldsymbol{A}_2$ 为可逆矩阵，则 $\begin{pmatrix}\boldsymbol{A}_1 & \\ & \boldsymbol{A}_2\end{pmatrix}^{-1}=\begin{pmatrix}\boldsymbol{A}_1^{-1} & \\ & \boldsymbol{A}_2^{-1}\end{pmatrix}$.

例9 设矩阵 $\boldsymbol{A}=\begin{pmatrix}3 & 0 & -2\\ 0 & 3 & 4\\ -1 & 0 & 4\end{pmatrix}$，$\boldsymbol{B}=\begin{pmatrix}a & -1\\ -1 & 6\\ -2 & b\end{pmatrix}$，且存在矩阵 $\boldsymbol{X}$，使得 $\boldsymbol{AX}+\boldsymbol{B}=2\boldsymbol{X}$.

(1) 求参数 a,b；

(2) 求矩阵 $\boldsymbol{X}$.

线索

系数矩阵不可逆的矩阵方程，其解的判定与求解.

【解】(1) 由 $\boldsymbol{AX}+\boldsymbol{B}=2\boldsymbol{X}$ 得$(2\boldsymbol{E}-\boldsymbol{A})\boldsymbol{X}=\boldsymbol{B}$，对矩阵$(2\boldsymbol{E}-\boldsymbol{A}\vdots\boldsymbol{B})$作初等行变换有

$$(2\boldsymbol{E}-\boldsymbol{A}\vdots\boldsymbol{B})=\left(\begin{array}{ccc:cc}-1 & 0 & 2 & a & -1\\ 0 & -1 & -4 & -1 & 6\\ 1 & 0 & -2 & -2 & b\end{array}\right)\xrightarrow{r}\left(\begin{array}{ccc:cc}-1 & 0 & 2 & a & -1\\ 0 & -1 & -4 & -1 & 6\\ 0 & 0 & 0 & a-2 & b-1\end{array}\right),$$

因为存在矩阵 X，使得 $\boldsymbol{AX}+\boldsymbol{B}=2\boldsymbol{X}$ 成立，从而 $a=2,b=1$.

(2) 由(1) 知，

$$(2\boldsymbol{E}-\boldsymbol{A}\vdots\boldsymbol{B})\xrightarrow{r}\left(\begin{array}{ccc:cc}-1 & 0 & 2 & 2 & -1\\ 0 & -1 & -4 & -1 & 6\\ 0 & 0 & 0 & 0 & 0\end{array}\right)\xrightarrow{r}\left(\begin{array}{ccc:cc}1 & 0 & -2 & -2 & 1\\ 0 & 1 & 4 & 1 & -6\\ 0 & 0 & 0 & 0 & 0\end{array}\right).$$

设 $\boldsymbol{X}=\begin{pmatrix}x_1 & y_1\\ x_2 & y_2\\ x_{31} & y_3\end{pmatrix}$，则求 $\boldsymbol{X}$ 等价于解方程组

$$\begin{cases}x_1-2x_3=-2,\\x_2+4x_3=1\end{cases} \text{和} \begin{cases}y_1-2y_3=1,\\y_2+4y_3=-6,\end{cases}$$

分别解得

$$\begin{cases}x_1=-2+2k_1,\\x_2=1-4k_1,\\x_3=k_1,\end{cases}\begin{cases}y_1=1+2k_2,\\y_2=-6-4k_2,\\y_3=k_2,\end{cases} \text{其中 } k_1,k_2 \text{ 是任意常数,}$$

从而 $\boldsymbol{X}=\begin{pmatrix}2k_1-2 & 2k_1+1\\-4k_1+1 & -4k_2-6\\k_1 & k_2\end{pmatrix}$.

小结

本题需要将矩阵方程拆分为多个线性方程组求解.

例10 若 $\boldsymbol{J}$ 是元素全为1的 n 阶矩阵,$\boldsymbol{X}$ 是 n 阶矩阵,证明矩阵方程 $\boldsymbol{X}=\boldsymbol{XJ}+\boldsymbol{JX}$ 仅有零解(即 $\boldsymbol{X}$ 是一个 n 阶零矩阵).

线索

将 $\boldsymbol{X}=\boldsymbol{O}$ 转化为 $\boldsymbol{XJ}$ 与 $\boldsymbol{JX}$ 分别为 $\boldsymbol{O}$ 进行处理.

【证明】$\boldsymbol{J}\in\mathbf{R}^{n\times n}$,$\boldsymbol{X}\in\mathbf{R}^{n\times n}$,又 $\boldsymbol{X}=\boldsymbol{XJ}+\boldsymbol{JX}$,则

当 $n=1$,$\boldsymbol{X}=\boldsymbol{X}+\boldsymbol{X}$ 时,即 $\boldsymbol{X}=\boldsymbol{O}$,而 $\boldsymbol{X}=\boldsymbol{XJ}+\boldsymbol{JX}$ 仅有零解;

当 $n\neq 1$ 时,原式两边左乘 $\boldsymbol{J}$,注意到 $\boldsymbol{J}^2=n\boldsymbol{J}$,得 $\boldsymbol{JX}=\boldsymbol{JXJ}+\boldsymbol{J}^2\boldsymbol{X}=\boldsymbol{JXJ}+n\boldsymbol{JX}(*)$.

再右乘 $\boldsymbol{J}$,得 $\boldsymbol{JXJ}=\boldsymbol{JXJ}^2+n\boldsymbol{JXJ}=n\boldsymbol{JXJ}+n\boldsymbol{JXJ}=2n\boldsymbol{JXJ}$,即 $\boldsymbol{JXJ}=\boldsymbol{O}$,也即 $(*)$ 为 $\boldsymbol{JX}=n\boldsymbol{JX}$,从而 $(n-1)\boldsymbol{JX}=\boldsymbol{O}$,得 $\boldsymbol{JX}=\boldsymbol{O}$.

类似地有 $\boldsymbol{XJ}=\boldsymbol{O}$,故 $\boldsymbol{X}=\boldsymbol{XJ}+\boldsymbol{JX}=\boldsymbol{O}+\boldsymbol{O}=\boldsymbol{O}$.

小结

将已知等式恒等变形是关键,得 $k\boldsymbol{A}=\boldsymbol{O}(k\neq 0)$,即 $\boldsymbol{A}=\boldsymbol{O}$.

例11 设 $\boldsymbol{A}^*=\begin{pmatrix}1&0&0\\1&2&4\\0&0&2\end{pmatrix}$,满足 $\boldsymbol{AX}+(\boldsymbol{A}^{-1})^*\boldsymbol{X}(\boldsymbol{A}^*)^*=\boldsymbol{E}$,且 $|\boldsymbol{A}|>0$,求矩阵 $\boldsymbol{X}$.

线索

利用 $\boldsymbol{A}^*$ 的相关公式将已知等式恒等变形,分离出 $\boldsymbol{X}$.

【解】由 $(\boldsymbol{A}^{-1})^*=(\boldsymbol{A}^*)^{-1}$,$|\boldsymbol{A}^*|=|\boldsymbol{A}|^{n-1}$,$(\boldsymbol{A}^*)^*=|\boldsymbol{A}|^{n-2}\boldsymbol{A}$,知 $|\boldsymbol{A}|^2=|\boldsymbol{A}^*|=4$,$|\boldsymbol{A}|>0$,得 $|\boldsymbol{A}|=2$.

将原式恒等变形为 $\boldsymbol{AX}+(\boldsymbol{A}^*)^{-1}\boldsymbol{X}2\boldsymbol{A}=\boldsymbol{E}$,左乘 $\boldsymbol{A}^*$ 得 $\boldsymbol{A}^*\boldsymbol{AX}+\boldsymbol{A}^*(\boldsymbol{A}^*)^{-1}\boldsymbol{X}2\boldsymbol{A}=\boldsymbol{A}^*$. 又 $\boldsymbol{A}^*\boldsymbol{A}=|\boldsymbol{A}|\boldsymbol{E}=2\boldsymbol{E}$,故 $2\boldsymbol{X}+2\boldsymbol{XA}=\boldsymbol{A}^*$,$2\boldsymbol{X}(\boldsymbol{E}+\boldsymbol{A})=\boldsymbol{A}^*$,$\boldsymbol{X}=\dfrac{1}{2}\boldsymbol{A}^*(\boldsymbol{E}+\boldsymbol{A})^{-1}$,而 $\boldsymbol{A}=$

$$\left(\frac{A^*}{|A|}\right)^{-1}=2(A^*)^{-1}=\begin{pmatrix}2&0&0\\-1&1&-2\\0&0&1\end{pmatrix}，得(A+E)^{-1}=\frac{1}{6}\begin{pmatrix}2&0&0\\1&3&3\\0&0&3\end{pmatrix}，故X=\frac{1}{6}\begin{pmatrix}1&0&0\\2&3&9\\0&0&3\end{pmatrix}.$$

小结

见到 A^*，想与 A^* 相关的公式，将已知等式恒等变形处理.

题型6 初等变换与初等矩阵

一阶溯源

例1 将矩阵 $A=\begin{pmatrix}1&2&0\\0&2&2\\1&1&3\end{pmatrix}$ 表示为若干初等矩阵的乘积.

线索

任何一个矩阵均可表示为若干初等矩阵的乘积，即存在一系列可逆矩阵

$$P_s\cdots P_2P_1A=E\Rightarrow A=(P_s\cdots P_2P_1)^{-1}=P_1^{-1}P_2^{-1}\cdots P_s^{-1}.$$

【解】$A=\begin{pmatrix}1&2&0\\0&2&2\\1&1&3\end{pmatrix}\xrightarrow{r_3+r_1\cdot(-1)}\begin{pmatrix}1&2&0\\0&2&2\\0&-1&3\end{pmatrix}\xrightarrow{r_2\leftrightarrow r_3}\begin{pmatrix}1&2&0\\0&-1&3\\0&2&2\end{pmatrix}$

$$\xrightarrow{r_3+r_2\cdot 2}\begin{pmatrix}1&2&0\\0&-1&3\\0&0&8\end{pmatrix}\xrightarrow{r_3\cdot\frac{1}{8}}\begin{pmatrix}1&2&0\\0&-1&3\\0&0&1\end{pmatrix}\xrightarrow{r_2+r_3\cdot(-3)}\begin{pmatrix}1&2&0\\0&-1&0\\0&0&1\end{pmatrix}$$

$$\xrightarrow{r_1+r_2\cdot 2}\begin{pmatrix}1&0&0\\0&-1&0\\0&0&1\end{pmatrix}\xrightarrow{r_2\cdot(-1)}\begin{pmatrix}1&0&0\\0&1&0\\0&0&1\end{pmatrix},$$

则 $A=\begin{pmatrix}1&0&0\\0&1&0\\-1&0&1\end{pmatrix}^{-1}\begin{pmatrix}1&0&0\\0&0&1\\0&1&0\end{pmatrix}^{-1}\begin{pmatrix}1&0&0\\0&1&0\\0&2&1\end{pmatrix}^{-1}\begin{pmatrix}1&0&0\\0&1&0\\0&0&\frac{1}{8}\end{pmatrix}^{-1}$

$$\begin{pmatrix}1&0&0\\0&1&-3\\0&0&1\end{pmatrix}^{-1}\begin{pmatrix}1&2&0\\0&1&0\\0&0&1\end{pmatrix}^{-1}\begin{pmatrix}1&0&0\\0&-1&0\\0&0&1\end{pmatrix}^{-1}$$

$$=\begin{pmatrix}1&0&0\\0&1&0\\1&0&1\end{pmatrix}\begin{pmatrix}1&0&0\\0&0&1\\0&1&0\end{pmatrix}\begin{pmatrix}1&0&0\\0&1&0\\0&-2&1\end{pmatrix}\begin{pmatrix}1&0&0\\0&1&0\\0&0&8\end{pmatrix}\begin{pmatrix}1&0&0\\0&1&3\\0&0&1\end{pmatrix}\begin{pmatrix}1&-2&0\\0&1&0\\0&0&1\end{pmatrix}\begin{pmatrix}1&0&0\\0&-1&0\\0&0&1\end{pmatrix}.$$

例2 下述命题正确的是（　　）.

(A) 若 A 与 B 等价，则 $A=B$

(B) 若 $\boldsymbol{A}$ 与 $\boldsymbol{B}$ 等价,则 $|\boldsymbol{A}|=|\boldsymbol{B}|$

(C) 若 $\boldsymbol{A}$ 与可逆矩阵 $\boldsymbol{B}$ 等价,则 $\boldsymbol{A}$ 也是可逆矩阵

(D) 设 $\boldsymbol{A},\boldsymbol{B},\boldsymbol{C},\boldsymbol{D}$ 均是 n 阶方阵,若 $\boldsymbol{A}\cong\boldsymbol{B},\boldsymbol{C}\cong\boldsymbol{D}$,则 $\boldsymbol{A}+\boldsymbol{C}\cong\boldsymbol{B}+\boldsymbol{D}$

【答案】(C)

线索

同型矩阵 $\boldsymbol{A}_{m\times n},\boldsymbol{B}_{m\times n}$ 等价的充分必要条件为:

(1)$R(\boldsymbol{A})=R(\boldsymbol{B})$;

(2) 存在 m 阶初等方阵 $\boldsymbol{P}_1,\boldsymbol{P}_2,\cdots,\boldsymbol{P}_s$ 和 n 阶初等方阵 $\boldsymbol{Q}_1,\boldsymbol{Q}_2,\cdots,\boldsymbol{Q}_t$,使

$$\boldsymbol{B}=\boldsymbol{P}_1\boldsymbol{P}_2\cdots\boldsymbol{P}_s\boldsymbol{A}\boldsymbol{Q}_1\boldsymbol{Q}_2\cdots\boldsymbol{Q}_t;$$

(3) 存在可逆的 m 阶矩阵 $\boldsymbol{P}$ 和 n 阶可逆矩阵 $\boldsymbol{Q}$,使 $\boldsymbol{B}=\boldsymbol{PAQ}$;

(4)$\boldsymbol{A}$ 与 $\boldsymbol{B}$ 有相同的标准形.

【解析】$\boldsymbol{A}$ 与 $\boldsymbol{B}$ 等价,则 $R(\boldsymbol{A})=R(\boldsymbol{B})\Rightarrow\boldsymbol{A}=\boldsymbol{B}$,(A) 项不正确;

$\boldsymbol{A}$ 与 $\boldsymbol{B}$ 等价,$|\boldsymbol{A}|$ 与 $|\boldsymbol{B}|$ 未必存在. 当 $\boldsymbol{A}$ 与 $\boldsymbol{B}$ 为方阵时,$|\boldsymbol{A}|$ 与 $|\boldsymbol{B}|$ 均存在,且 $|\boldsymbol{A}|$ 与 $|\boldsymbol{B}|$ 同时为零或同时不为零,但 $|\boldsymbol{A}|$ 与 $|\boldsymbol{B}|$ 未必相等,故(B) 项不正确;

若 $\boldsymbol{A}$ 与可逆矩阵 $\boldsymbol{B}$ 等价,则 $|\boldsymbol{A}|$ 与 $|\boldsymbol{B}|$ 同时不为零,故 $\boldsymbol{A}$ 也是可逆矩阵,则(C) 项正确;

(D) 项不正确,反例 $\boldsymbol{A}=\begin{pmatrix}1&0&0\\0&0&0\\0&0&0\end{pmatrix},\boldsymbol{B}=\begin{pmatrix}0&0&0\\0&1&0\\0&0&0\end{pmatrix},\boldsymbol{C}=\begin{pmatrix}-1&0&0\\0&0&0\\0&0&0\end{pmatrix},\boldsymbol{D}=\begin{pmatrix}0&0&0\\0&0&0\\0&0&1\end{pmatrix}$,

$\boldsymbol{A},\boldsymbol{B},\boldsymbol{C},\boldsymbol{D}$ 为同型矩阵,$R(\boldsymbol{A})=R(\boldsymbol{B})=R(\boldsymbol{C})=R(\boldsymbol{D})=1\Rightarrow\boldsymbol{A}\cong\boldsymbol{B},\boldsymbol{C}\cong\boldsymbol{D}$,但 $\boldsymbol{A}+\boldsymbol{C}=\boldsymbol{O}$,

$\boldsymbol{B}+\boldsymbol{D}=\begin{pmatrix}0&0&0\\0&1&0\\0&0&1\end{pmatrix}$,$R(\boldsymbol{A}+\boldsymbol{C})=0\neq R(\boldsymbol{B}+\boldsymbol{D})=2$,故 $\boldsymbol{A}+\boldsymbol{C}$ 与 $\boldsymbol{B}+\boldsymbol{D}$ 不等价.

故选(C).

二阶提炼

例3 已知 $\boldsymbol{A}=\begin{pmatrix}0&1&0\\1&0&0\\0&0&1\end{pmatrix}^5\begin{pmatrix}1&0&0\\0&5&0\\0&0&3\end{pmatrix}\begin{pmatrix}1&0&0\\0&1&1\\0&0&1\end{pmatrix}^4$,则 $\boldsymbol{A}^{-1}=$________.

【答案】$\begin{bmatrix}0&1&0\\\frac{1}{5}&0&-\frac{4}{3}\\0&0&\frac{1}{3}\end{bmatrix}$

【解析】$\boldsymbol{A}=\begin{pmatrix}0&1&0\\1&0&0\\0&0&1\end{pmatrix}^5\begin{pmatrix}1&0&0\\0&5&0\\0&0&3\end{pmatrix}\begin{pmatrix}1&0&0\\0&1&1\\0&0&1\end{pmatrix}^4=\begin{pmatrix}0&1&0\\1&0&0\\0&0&1\end{pmatrix}\begin{pmatrix}1&0&0\\0&5&0\\0&0&3\end{pmatrix}\begin{pmatrix}1&0&0\\0&1&4\\0&0&1\end{pmatrix}$,

$$A^{-1}=\begin{pmatrix}1&0&0\\0&1&4\\0&0&1\end{pmatrix}^{-1}\begin{pmatrix}1&0&0\\0&5&0\\0&0&3\end{pmatrix}^{-1}\begin{pmatrix}0&1&0\\1&0&0\\0&0&1\end{pmatrix}^{-1}=\begin{pmatrix}1&0&0\\0&1&-4\\0&0&1\end{pmatrix}\begin{pmatrix}1&0&0\\0&\frac{1}{5}&0\\0&0&\frac{1}{3}\end{pmatrix}\begin{pmatrix}0&1&0\\1&0&0\\0&0&1\end{pmatrix}$$

$$=\begin{pmatrix}1&0&0\\0&\frac{1}{5}&-\frac{4}{3}\\0&0&\frac{1}{3}\end{pmatrix}\begin{pmatrix}0&1&0\\1&0&0\\0&0&1\end{pmatrix}=\begin{pmatrix}0&1&0\\\frac{1}{5}&0&-\frac{4}{3}\\0&0&\frac{1}{3}\end{pmatrix}.$$

小结

掌握三种初等矩阵的记法，行列式，转置，逆的运算.

例4 设 $A=\begin{pmatrix}a_{11}&a_{12}&a_{13}\\a_{21}&a_{22}&a_{23}\\a_{31}&a_{32}&a_{33}\end{pmatrix}$，$B=\begin{pmatrix}a_{11}&a_{13}&a_{12}\\a_{21}&a_{23}&a_{22}\\a_{31}+2a_{11}&a_{33}+2a_{13}&a_{32}+2a_{12}\end{pmatrix}$，

$P_1=\begin{pmatrix}1&0&0\\0&0&1\\0&1&0\end{pmatrix}$，$P_2=\begin{pmatrix}1&0&2\\0&1&0\\0&0&1\end{pmatrix}$，$P_3=\begin{pmatrix}1&0&0\\0&1&0\\2&0&1\end{pmatrix}$，则 $B=$（　　）.

(A) P_3AP_2　　(B) P_2AP_3　　(C) P_3AP_1　　(D) P_2AP_1

【答案】(C)

【解析】由已知条件得 $P_3AP_1=B$（初等变换和初等矩阵之间的关系）.

故选(C).

小结

将矩阵进行一次初等行变换相当于左乘同类型的初等矩阵，进行一次初等列变换相当于右乘同类型的初等矩阵.

例5 (2006) 设 A 是3阶方阵，将 A 的第2行加到第1行得到 B，再将 B 的第1列的 (-1) 倍加到第2列得到 C，记 $P=\begin{pmatrix}1&1&0\\0&1&0\\0&0&1\end{pmatrix}$，则（　　）.

(A) $C=P^{-1}AP$　　(B) $C=PAP^{-1}$　　(C) $C=P^{T}AP$　　(D) $C=PAP^{T}$

【答案】(B)

【解析】根据题意有 $\begin{pmatrix}1&1&0\\0&1&0\\0&0&1\end{pmatrix}A=B$，$B\begin{pmatrix}1&-1&0\\0&1&0\\0&0&1\end{pmatrix}=C$，又因为 $P^{-1}=\begin{pmatrix}1&-1&0\\0&1&0\\0&0&1\end{pmatrix}$，从而可知 $C=PAP^{-1}$.

故选(B).

小结

本题需要结合初等矩阵的性质及作用进行求解.

例6 已知 $A=\begin{pmatrix}a_{11}&a_{12}&a_{13}\\a_{21}&a_{22}&a_{23}\\a_{31}&a_{32}&a_{33}\end{pmatrix}$,$B=\begin{pmatrix}a_{11}&a_{13}&a_{12}\\a_{21}+2a_{31}&a_{23}+2a_{33}&a_{22}+2a_{32}\\a_{31}&a_{33}&a_{32}\end{pmatrix}$,若 $A^{-1}=\begin{pmatrix}1&2&3\\0&4&5\\0&0&6\end{pmatrix}$,则 $B^{-1}=$________.

【答案】$\begin{pmatrix}1&2&-1\\0&0&6\\0&4&-3\end{pmatrix}$

【解析】令 $P_1=\begin{pmatrix}1&0&0\\0&1&2\\0&0&1\end{pmatrix}$,$P_2=\begin{pmatrix}1&0&0\\0&0&1\\0&1&0\end{pmatrix}$,则

$$B=P_1AP_2,B^{-1}=P_2^{-1}A^{-1}P_1^{-1}=\begin{pmatrix}1&0&0\\0&0&1\\0&1&0\end{pmatrix}\begin{pmatrix}1&2&3\\0&4&5\\0&0&6\end{pmatrix}\begin{pmatrix}1&0&0\\0&1&-2\\0&0&1\end{pmatrix}=\begin{pmatrix}1&2&-1\\0&0&6\\0&4&-3\end{pmatrix}.$$

小结

初等矩阵的逆矩阵:$E_{ij}^{-1}=E_{ij},E_{ij}^{-1}(k)=E_{ij}(-k),E_i^{-1}(k)=E_i\left(\frac{1}{k}\right)$.

三阶突破

例7 设 A 是 n 阶方阵,将 A 的第 i 列与第 j 列交换,再交换 A 的第 i 行与第 j 行得 B,则( ).

(A)A 与 B 等价,相似,合同　　(B)A 与 B 相似,合同,但不等价

(C)A 与 B 相似但不合同　　(D)A 与 B 等价但不相似

【答案】(A)

线索

等价,相似,合同的定义.

【解析】不妨设将 E 的第 i 列与第 j 列交换所得的初等矩阵为 $E(i,j)$,于是将 E 的第 i 行与第 j 行交换所得的初等矩阵也为 $E(i,j)$,并且利用初等矩阵的性质有

$$[E(i,j)]^{\mathrm{T}}=[E(i,j)]^{-1}=E(i,j).$$

于是根据题意有 $E(i,j)AE(i,j)=B$,即

$$[E(i,j)]^{\mathrm{T}}AE(i,j)=B\text{ 且}[E(i,j)]^{-1}AE(i,j)=B,$$

从而 A 与 B 等价,相似,合同.

故选(A).

小结

本题需要结合初等矩阵的性质及相似，等价，合同的定义来进行判别.

例8 $\boldsymbol{A}$ 为3阶矩阵，$\boldsymbol{P}$ 为3阶可逆阵，$\boldsymbol{P}^{-1}\boldsymbol{AP}=\begin{pmatrix}1&0&0\\0&1&0\\0&0&2\end{pmatrix}$，若 $\boldsymbol{P}=(\boldsymbol{\alpha}_1,\boldsymbol{\alpha}_2,\boldsymbol{\alpha}_3)$，$\boldsymbol{Q}=(\boldsymbol{\alpha}_1+\boldsymbol{\alpha}_2,\boldsymbol{\alpha}_2,\boldsymbol{\alpha}_3)$，则 $\boldsymbol{Q}^{-1}\boldsymbol{AQ}=$________.

【答案】$\begin{pmatrix}1&0&0\\0&1&0\\0&0&2\end{pmatrix}$

线索

解此类问题的两种常见思路：(1) 初等变换法；(2) 特征值与特征向量的对应法.

【解析】**方法一**：$\boldsymbol{Q}=(\boldsymbol{\alpha}_1+\boldsymbol{\alpha}_2,\boldsymbol{\alpha}_2,\boldsymbol{\alpha}_3)=(\boldsymbol{\alpha}_1,\boldsymbol{\alpha}_2,\boldsymbol{\alpha}_3)\begin{pmatrix}1&0&0\\1&1&0\\0&0&1\end{pmatrix}=\boldsymbol{P}\begin{pmatrix}1&0&0\\1&1&0\\0&0&1\end{pmatrix}$，

$$\boldsymbol{Q}^{-1}\boldsymbol{AQ}=\begin{pmatrix}1&0&0\\1&1&0\\0&0&1\end{pmatrix}^{-1}\boldsymbol{P}^{-1}\boldsymbol{AP}\begin{pmatrix}1&0&0\\1&1&0\\0&0&1\end{pmatrix}=\begin{pmatrix}1&0&0\\1&1&0\\0&0&1\end{pmatrix}^{-1}\begin{pmatrix}1&0&0\\0&1&0\\0&0&2\end{pmatrix}\begin{pmatrix}1&0&0\\1&1&0\\0&0&1\end{pmatrix}$$

$$=\begin{pmatrix}1&0&0\\-1&1&0\\0&0&1\end{pmatrix}\begin{pmatrix}1&0&0\\0&1&0\\0&0&2\end{pmatrix}\begin{pmatrix}1&0&0\\1&1&0\\0&0&1\end{pmatrix}=\begin{pmatrix}1&0&0\\-1&1&0\\0&0&2\end{pmatrix}\begin{pmatrix}1&0&0\\1&1&0\\0&0&1\end{pmatrix}=\begin{pmatrix}1&0&0\\0&1&0\\0&0&2\end{pmatrix}.$$

方法二：由 $\boldsymbol{A}(\boldsymbol{\alpha}_1,\boldsymbol{\alpha}_2,\boldsymbol{\alpha}_3)=(\boldsymbol{\alpha}_1,\boldsymbol{\alpha}_2,\boldsymbol{\alpha}_3)\begin{pmatrix}1&0&0\\0&1&0\\0&0&2\end{pmatrix}=(\boldsymbol{\alpha}_1,\boldsymbol{\alpha}_2,2\boldsymbol{\alpha}_3)$，则 $\begin{cases}\boldsymbol{A\alpha}_1=\boldsymbol{\alpha}_1,\\\boldsymbol{A\alpha}_2=\boldsymbol{\alpha}_2,\\\boldsymbol{A\alpha}_3=2\boldsymbol{\alpha}_3.\end{cases}$

故 $\boldsymbol{A}$ 的特征值为 $\lambda_1=\lambda_2=1$，对应的线性无关的特征向量为 $\boldsymbol{\alpha}_1,\boldsymbol{\alpha}_2$；特征值 $\lambda_3=2$ 对应的特征向量为 $\boldsymbol{\alpha}_3$. 又 $\boldsymbol{\alpha}_1,\boldsymbol{\alpha}_2,\boldsymbol{\alpha}_3$ 线性无关，由特征值与特征向量的对应关系知

$$\boldsymbol{Q}^{-1}\boldsymbol{AQ}=\begin{pmatrix}1&0&0\\0&1&0\\0&0&2\end{pmatrix}.$$

小结

特征值与特征向量的对应关系应注意：

(1) 特征值只是位置发生了变化，不会有倍数的变化；

(2) 同一特征值的特征向量构成的非零线性组合仍为该特征值的特征向量，不同特征值的特征向量的非零线性组合不再为原矩阵的特征向量.

例9 设 $\boldsymbol{A}=(\boldsymbol{\alpha}_1,\boldsymbol{\alpha}_2,\boldsymbol{\alpha}_3,\boldsymbol{\alpha}_4)=\begin{pmatrix}1&0&0&0\\1&2&0&0\\2&4&3&-3\end{pmatrix},\boldsymbol{B}=\begin{pmatrix}1&0&0&0\\0&2&0&0\\0&0&3&0\end{pmatrix}$.

(1) 求向量组 $\boldsymbol{\alpha}_1,\boldsymbol{\alpha}_2,\boldsymbol{\alpha}_3,\boldsymbol{\alpha}_4$ 的一个极大线性无关组；

(2) 求可逆矩阵 $\boldsymbol{P},\boldsymbol{Q}$,使得 $\boldsymbol{PAQ}=\boldsymbol{B}$.

线索

初等行变换不改变列向量组的线性关系,初等变换的作用.

【解】(1) 对矩阵 $\boldsymbol{A}$ 施行初等行变换可得

$$\boldsymbol{A}=(\boldsymbol{\alpha}_1,\boldsymbol{\alpha}_2,\boldsymbol{\alpha}_3,\boldsymbol{\alpha}_4)=\begin{pmatrix}1&0&0&0\\1&2&0&0\\2&4&3&-3\end{pmatrix}\xrightarrow{r_3-2r_2}\begin{pmatrix}1&0&0&0\\1&2&0&0\\0&0&3&-3\end{pmatrix}\xrightarrow{r_2-r_1}\begin{pmatrix}1&0&0&0\\0&2&0&0\\0&0&3&-3\end{pmatrix}.$$

于是知 $\boldsymbol{\alpha}_1,\boldsymbol{\alpha}_2,\boldsymbol{\alpha}_3$ 是向量组 $\boldsymbol{\alpha}_1,\boldsymbol{\alpha}_2,\boldsymbol{\alpha}_3,\boldsymbol{\alpha}_4$ 的一个极大线性无关组.

$$(2)\boldsymbol{A}=\begin{pmatrix}1&0&0&0\\1&2&0&0\\2&4&3&-3\end{pmatrix}\xrightarrow{r_3-2r_2}\begin{pmatrix}1&0&0&0\\1&2&0&0\\0&0&3&-3\end{pmatrix}\xrightarrow{r_2-r_1}\begin{pmatrix}1&0&0&0\\0&2&0&0\\0&0&3&-3\end{pmatrix}$$

$$\xrightarrow{c_4+c_3}\begin{pmatrix}1&0&0&0\\0&2&0&0\\0&0&3&0\end{pmatrix}=\boldsymbol{B},$$

$$\text{于是}\begin{pmatrix}1&0&0\\-1&1&0\\0&0&1\end{pmatrix}\begin{pmatrix}1&0&0\\0&1&0\\0&-2&1\end{pmatrix}\boldsymbol{A}\begin{pmatrix}1&0&0&0\\0&1&0&0\\0&0&1&1\\0&0&0&1\end{pmatrix}=\begin{pmatrix}1&0&0\\-1&1&0\\0&-2&1\end{pmatrix}\boldsymbol{A}\begin{pmatrix}1&0&0&0\\0&1&0&0\\0&0&1&1\\0&0&0&1\end{pmatrix}=\boldsymbol{B},$$

$$\text{从而}\ \boldsymbol{P}=\begin{pmatrix}1&0&0\\-1&1&0\\0&-2&1\end{pmatrix},\boldsymbol{Q}=\begin{pmatrix}1&0&0&0\\0&1&0&0\\0&0&1&1\\0&0&0&1\end{pmatrix}.$$

小结

求解矩阵方程,本题可以结合初等变换的作用进行求解.

题型7 矩阵秩的运算

一阶溯源

例1 求矩阵 $\boldsymbol{A}$ 的秩,其中 $\boldsymbol{A}=\begin{pmatrix}1&0&1&1\\0&1&1&-1\\2&1&3&1\\a&b&a+b&a-b\\c&d&c+d&c-d\end{pmatrix}$.

线索

初等行(列)变换不改变矩阵的秩(行列可混用)；将矩阵 **A** 经过初等行变换化为行阶梯形，非零行的行数为矩阵的秩；将矩阵 **A** 经过初等列变换化为列阶梯形，非零列的列数为矩阵的秩.

【解】矩阵 **A** 第 1 列的(－1) 倍加到第 3 列，第 2 列的(－1) 倍加到第 3 列，第 1 列的(－1) 倍加到第 4 列，第 2 列的 1 倍加到第 4 列，

$$\mathbf{A}=\begin{pmatrix}1&0&1&1\\0&1&1&-1\\2&1&3&1\\a&b&a+b&a-b\\c&d&c+d&c-d\end{pmatrix}\to\begin{pmatrix}1&0&0&0\\0&1&0&0\\2&1&0&0\\a&b&0&0\\c&d&0&0\end{pmatrix},$$

故 $R(\mathbf{A})=2$.

例2 求矩阵 **A** 的秩，其中

$$\mathbf{A}=\begin{pmatrix}1&1&1&1&1\\a_1&a_2&a_3&a_4&a_5\\a_1^2&a_2^2&a_3^2&a_4^2&a_5^2\\a_1^3&a_2^3&a_3^3&a_4^3&a_5^3\\(a_1+1)^2&(a_2+1)^2&(a_3+1)^2&(a_4+1)^2&(a_5+1)^2\end{pmatrix},a_i\neq a_j,i\neq j.$$

线索

求矩阵的秩可利用初等变换法与定义法的结合.

【解】将矩阵 **A** 的第 1 行的(－1) 倍加到第 5 行，第 2 行的(－2) 倍加到第 5 行，第 3 行的(－1) 倍加到第 5 行，知

$$\mathbf{A}\to\begin{pmatrix}1&1&1&1&1\\a_1&a_2&a_3&a_4&a_5\\a_1^2&a_2^2&a_3^2&a_4^2&a_5^2\\a_1^3&a_2^3&a_3^3&a_4^3&a_5^3\\0&0&0&0&0\end{pmatrix},$$

则 $R(\mathbf{A})\leqslant 4$，

$$\text{又存在一个四阶子式}\begin{vmatrix}1&1&1&1\\a_1&a_2&a_3&a_4\\a_1^2&a_2^2&a_3^2&a_4^2\\a_1^3&a_2^3&a_3^3&a_4^3\end{vmatrix}=\prod_{1\leqslant i<j\leqslant 4}(a_j-a_i)\neq 0\Rightarrow R(\mathbf{A})\geqslant 4,$$

故 $R(\mathbf{A})=4$.

例3 (1) 设 $\boldsymbol{A}$ 为 3 阶矩阵,举例说明 $\boldsymbol{A} \neq \boldsymbol{O}$,但 $\boldsymbol{A}^2 = \boldsymbol{O}$;

(2) 设 $\boldsymbol{A}$ 为 n 阶实对称矩阵,证明:若 $\boldsymbol{A}^2 = \boldsymbol{O}$,则 $\boldsymbol{A} = \boldsymbol{O}$.

线索

$R(\boldsymbol{A}) = R(\boldsymbol{A}^{\mathrm{T}}\boldsymbol{A}) = R(\boldsymbol{A}^{\mathrm{T}}) = R(\boldsymbol{A}\boldsymbol{A}^{\mathrm{T}})$;$R(\boldsymbol{A}) = 0 \Leftrightarrow \boldsymbol{A} = \boldsymbol{O}$.

【解】(1) 取 $\boldsymbol{A} = \begin{pmatrix} 0 & 0 & 1 \\ 0 & 0 & 0 \\ 0 & 0 & 0 \end{pmatrix} \neq \boldsymbol{O}$,但 $\boldsymbol{A}^2 = \begin{pmatrix} 0 & 0 & 1 \\ 0 & 0 & 0 \\ 0 & 0 & 0 \end{pmatrix}\begin{pmatrix} 0 & 0 & 1 \\ 0 & 0 & 0 \\ 0 & 0 & 0 \end{pmatrix} = \boldsymbol{O}$.

【证明】(2) 因为 $\boldsymbol{A}^{\mathrm{T}} = \boldsymbol{A}$,所以 $\boldsymbol{A}^{\mathrm{T}}\boldsymbol{A} = \boldsymbol{A}^2 = \boldsymbol{O}$. 又因为 $R(\boldsymbol{A}) = R(\boldsymbol{A}^{\mathrm{T}}\boldsymbol{A}) = R(\boldsymbol{A}^2) = 0$,所以 $\boldsymbol{A} = \boldsymbol{O}$.

二阶提炼

例4 设 $\boldsymbol{A} = \begin{pmatrix} 1 & -2 & 3k \\ -1 & 2k & -3 \\ k & -2 & 3 \end{pmatrix}$,问 k 为何值,可使

(1)$R(\boldsymbol{A}) = 1$;

(2)$R(\boldsymbol{A}) = 2$;

(3)$R(\boldsymbol{A}) = 3$.

【解】$\boldsymbol{A} = \begin{pmatrix} 1 & -2 & 3k \\ -1 & 2k & -3 \\ k & -2 & 3 \end{pmatrix} \to \begin{pmatrix} 1 & -2 & 3k \\ 0 & 2k-2 & 3k-3 \\ 0 & 2k-2 & 3-3k^2 \end{pmatrix} \to \begin{pmatrix} 1 & -2 & 3k \\ 0 & 2(k-1) & 3(k-1) \\ 0 & 0 & -3(k+2)(k-1) \end{pmatrix}$.

(1) 由 $R(\boldsymbol{A}) = 1$,得 $k = 1$;

(2) 由 $R(\boldsymbol{A}) = 2$,得 $k = -2$;

(3) 由 $R(\boldsymbol{A}) = 3$,得 $k \neq 1$ 且 $k \neq -2$.

小结

求 $\boldsymbol{A}$ 的秩,只需将 $\boldsymbol{A}$ 化成行阶梯矩阵,此时 $R(\boldsymbol{A})$ 等于行阶梯矩阵非零行的行数.

例5 设矩阵 $\boldsymbol{B}$ 相似于 $\boldsymbol{A} = \begin{pmatrix} 1 & 1 & 0 & 0 \\ 1 & 1 & 0 & 0 \\ 0 & 0 & 2 & 2 \\ 0 & 0 & 2 & 2 \end{pmatrix}$,则 $R_1 = R(\boldsymbol{B})$,$R_2 = R(\boldsymbol{B} - \boldsymbol{E})$,$R_3 = R(\boldsymbol{B} - 2\boldsymbol{E})$ 满足( ).

(A)$R_1 < R_2 < R_3$　　(B)$R_2 < R_3 < R_1$

(C)$R_3 < R_1 < R_2$　　(D)$R_1 < R_3 < R_2$

【答案】(D)

【解析】$\boldsymbol{A}$ 为实对称矩阵,所以 $\boldsymbol{A}$ 可相似对角化. 又

$$|\lambda\boldsymbol{E} - \boldsymbol{A}| = \lambda^2(\lambda - 2)(\lambda - 4) = 0,$$

得 $\boldsymbol{A}$ 的特征值为 $\lambda_1=\lambda_2=0,\lambda_3=2,\lambda_4=4$. 而 $\boldsymbol{B}$ 与 $\boldsymbol{A}$ 相似，故 $\boldsymbol{B}$ 的特征值也为 $\lambda_1=\lambda_2=0$, $\lambda_3=2,\lambda_4=4$. 由矩阵相似的传递性可知 $\boldsymbol{B}$ 也相似于对角矩阵.

故 $R(\boldsymbol{B})=2,R(\boldsymbol{B}-2\boldsymbol{E})=R(2\boldsymbol{E}-\boldsymbol{B})=4-1=3$.

由于 1 不是 $\boldsymbol{B}$ 的特征值，所以 $|\boldsymbol{E}-\boldsymbol{B}|\neq 0$，故 $R(\boldsymbol{B}-\boldsymbol{E})=4$.

故选(D).

小结

(1)$\boldsymbol{B}$ 可相似对角化时，$R(\boldsymbol{B})$ 等于非零特征值的个数.

(2)$R(\lambda\boldsymbol{E}-\boldsymbol{B})=4-k$($k$ 为 λ 的重数).

例6 若 $a_i\neq 0,b_i\neq 0(i=1,2,\cdots,n)$，又 $\boldsymbol{A}=\begin{pmatrix} a_1b_1 & a_1b_2 & \cdots & a_1b_n \\ a_2b_1 & a_2b_2 & \cdots & a_2b_n \\ \vdots & \vdots & & \vdots \\ a_nb_1 & a_nb_2 & \cdots & a_nb_n \end{pmatrix}$，求 $R(\boldsymbol{A})$ 及 $\boldsymbol{A}^n$.

【解】由 $\boldsymbol{A}=\begin{pmatrix} a_1 \\ a_2 \\ \vdots \\ a_n \end{pmatrix}(b_1,b_2,\cdots,b_n)$，令 $\boldsymbol{\alpha}=(a_1,a_2,\cdots,a_n)^{\mathrm{T}},\boldsymbol{\beta}=(b_1,b_2,\cdots,b_n)^{\mathrm{T}}$，则 $\boldsymbol{A}=\boldsymbol{\alpha}\boldsymbol{\beta}^{\mathrm{T}}$，得 $R(\boldsymbol{A})\leqslant\min\{R(\boldsymbol{\alpha}),R(\boldsymbol{\beta}^{\mathrm{T}})\}=1$.

由 $a_i\neq 0,b_i\neq 0$，得 $\boldsymbol{A}$ 为非零矩阵，故 $R(\boldsymbol{A})\geqslant 1$，从而 $R(\boldsymbol{A})=1$. 故

$$\boldsymbol{A}^n=(\boldsymbol{\alpha}\boldsymbol{\beta}^{\mathrm{T}})^n=\boldsymbol{\alpha}\boldsymbol{\beta}^{\mathrm{T}}\boldsymbol{\alpha}\boldsymbol{\beta}^{\mathrm{T}}\cdots\boldsymbol{\alpha}\boldsymbol{\beta}^{\mathrm{T}}=\left(\sum_{i=1}^{n}a_ib_i\right)^{n-1}\boldsymbol{\alpha}\boldsymbol{\beta}^{\mathrm{T}}=\left(\sum_{i=1}^{n}a_ib_i\right)^{n-1}\boldsymbol{A}.$$

小结

(1)$\boldsymbol{A}=\boldsymbol{\alpha}\boldsymbol{\beta}^{\mathrm{T}}$ 时，$R(\boldsymbol{A})=1,\boldsymbol{A}^n=[\mathrm{tr}(\boldsymbol{A})]^{n-1}\boldsymbol{A}$.

(2)$R(\boldsymbol{AB})\leqslant\min\{R(\boldsymbol{A}),R(\boldsymbol{B})\}$.

例7 设 $\boldsymbol{A}$ 为 n 阶矩阵，且 $\boldsymbol{A}^2-\boldsymbol{A}-2\boldsymbol{E}=\boldsymbol{O}$，证明：$R(\boldsymbol{A}-2\boldsymbol{E})+R(\boldsymbol{A}+\boldsymbol{E})=n$.

【证明】由 $\boldsymbol{A}^2-\boldsymbol{A}-2\boldsymbol{E}=\boldsymbol{O}$ 得 $(\boldsymbol{A}-2\boldsymbol{E})(\boldsymbol{A}+\boldsymbol{E})=\boldsymbol{O}$，则

$$R(\boldsymbol{A}-2\boldsymbol{E})+R(\boldsymbol{A}+\boldsymbol{E})\leqslant n,$$

又 $R(\boldsymbol{A}-2\boldsymbol{E})+R(\boldsymbol{A}+\boldsymbol{E})\geqslant R[(\boldsymbol{A}+\boldsymbol{E})-(\boldsymbol{A}-2\boldsymbol{E})]=R(3\boldsymbol{E})=n$，所以

$$R(\boldsymbol{A}-2\boldsymbol{E})+R(\boldsymbol{A}+\boldsymbol{E})=n.$$

小结

$\boldsymbol{A}$ 为 n 阶矩阵，$(\boldsymbol{A}-a\boldsymbol{E})(\boldsymbol{A}-b\boldsymbol{E})=\boldsymbol{O}(a\neq b)\Rightarrow R(\boldsymbol{A}-a\boldsymbol{E})+R(\boldsymbol{A}-b\boldsymbol{E})=n$.

例8 设矩阵 $\boldsymbol{A}=\begin{pmatrix} 2 & 3 & 4 \\ 6 & k & 2 \\ 4 & 6 & 3 \end{pmatrix},\boldsymbol{B}=\begin{pmatrix} 1 \\ 3 \\ 0 \end{pmatrix}(2,3,4)$，若 $R(\boldsymbol{A}+\boldsymbol{AB})=2$，则 $k=$________.

【答案】9

【解析】由题意知 $\boldsymbol{B}+\boldsymbol{E}=\begin{pmatrix}3&3&4\\6&10&12\\0&0&1\end{pmatrix}$，而 $|\boldsymbol{B}+\boldsymbol{E}|=12\neq0$，从而 $\boldsymbol{B}+\boldsymbol{E}$ 可逆，利用秩的性质有 $R(\boldsymbol{A}+\boldsymbol{AB})=R[\boldsymbol{A}(\boldsymbol{E}+\boldsymbol{B})]=R(\boldsymbol{A})=2$，从而

$$|\boldsymbol{A}|=\begin{vmatrix}2&3&4\\6&k&2\\4&6&3\end{vmatrix}=-10(k-9)=0,$$

解得 $k=9$.

矩阵加法的秩转化为矩阵乘法的秩，再利用初等变换不改变矩阵的秩进行求解.

例9　设矩阵 $\boldsymbol{A}=\begin{pmatrix}1&2&-1\\3&-1&b\\1&a&c\end{pmatrix}$，$\boldsymbol{B}$ 是3阶非零矩阵，若 $\boldsymbol{AB}=\boldsymbol{B}$，则 $R(\boldsymbol{B})=$________.

【答案】1

【解析】由 $\boldsymbol{A}-\boldsymbol{E}=\begin{pmatrix}0&2&-1\\3&-2&b\\1&a&c-1\end{pmatrix}$，故可知 $R(\boldsymbol{A}-\boldsymbol{E})\geqslant2$，又 $\boldsymbol{AB}=\boldsymbol{B}$ 整理可得 $(\boldsymbol{A}-\boldsymbol{E})\boldsymbol{B}=\boldsymbol{O}$，从而 $R(\boldsymbol{A}-\boldsymbol{E})+R(\boldsymbol{B})\leqslant3$，从而 $R(\boldsymbol{B})\leqslant1$.

又 $\boldsymbol{B}$ 是3阶非零矩阵，可得 $R(\boldsymbol{B})\geqslant1$，联立可得 $R(\boldsymbol{B})=1$.

小结

利用矩阵秩的性质再结合夹逼准则求抽象矩阵的秩.

例10　已知矩阵 $\boldsymbol{A}=\begin{pmatrix}1&0&-1\\2&a&1\\1&2&1\end{pmatrix}$，$\boldsymbol{B}$ 是3阶矩阵，$R(\boldsymbol{B})=2$ 且 $R(\boldsymbol{AB})=1$，则常数 a 及矩阵 $\boldsymbol{C}=\begin{pmatrix}\boldsymbol{A}^*&\boldsymbol{O}\\\boldsymbol{O}&\boldsymbol{B}\end{pmatrix}$ 的 $R(\boldsymbol{C})$ 分别为(　　).

(A)2,3　　(B)2,5　　(C)3,3　　(D)3,5

【答案】(C)

【解析】因为 $\boldsymbol{A}=\begin{pmatrix}1&0&-1\\2&a&1\\1&2&1\end{pmatrix}$，故 $R(\boldsymbol{A})\geqslant2$. 又 $R(\boldsymbol{B})=2$ 且 $R(\boldsymbol{AB})=1$，得 $R(\boldsymbol{A})\leqslant2$，从而 $R(\boldsymbol{A})=2$，于是 $R(\boldsymbol{A}^*)=1$，故 $|\boldsymbol{A}|=\begin{vmatrix}1&0&-1\\2&a&1\\1&2&1\end{vmatrix}=2a-6=0$，解得 $a=3$.

利用秩的性质有 $R(\boldsymbol{C})=R\begin{pmatrix}\boldsymbol{A}^* & \boldsymbol{O}\\ \boldsymbol{O} & \boldsymbol{B}\end{pmatrix}=R(\boldsymbol{A}^*)+R(\boldsymbol{B})=3$.

故选(C).

小结

本题利用分块矩阵秩的性质 $R(\boldsymbol{C})=R\begin{pmatrix}\boldsymbol{A}^* & \boldsymbol{O}\\ \boldsymbol{O} & \boldsymbol{B}\end{pmatrix}=R(\boldsymbol{A}^*)+R(\boldsymbol{B})$ 求解.

例11 设矩阵 $\boldsymbol{B}=\begin{pmatrix}0&0&0&0\\0&3&0&0\\0&0&-1&2\\0&0&2&2\end{pmatrix}$，矩阵 $\boldsymbol{A}$ 相似于 $\boldsymbol{B}$，则 $R(\boldsymbol{A}-\boldsymbol{E})+R(\boldsymbol{A}-3\boldsymbol{E})=(\quad)$.

(A)6　　(B)7　　(C)8　　(D)9

【答案】(A)

【解析】因为矩阵 $\boldsymbol{A}$ 相似于 $\boldsymbol{B}$，从而 $\boldsymbol{A}-\boldsymbol{E},\boldsymbol{A}-3\boldsymbol{E}$ 分别相似于 $\boldsymbol{B}-\boldsymbol{E},\boldsymbol{B}-3\boldsymbol{E}$，从而

$$\begin{aligned}R(\boldsymbol{A}-\boldsymbol{E})+R(\boldsymbol{A}-3\boldsymbol{E})&=R(\boldsymbol{B}-\boldsymbol{E})+R(\boldsymbol{B}-3\boldsymbol{E})\\&=R\left[\begin{pmatrix}-1&0&0&0\\0&2&0&0\\0&0&-2&2\\0&0&2&1\end{pmatrix}\right]+R\left[\begin{pmatrix}-3&0&0&0\\0&0&0&0\\0&0&-4&2\\0&0&2&-1\end{pmatrix}\right]\\&=4+2=6.\end{aligned}$$

故选(A).

小结

本题利用相似矩阵必要条件进行求解.

例12 已知 $\boldsymbol{A}=\begin{pmatrix}1&0&1\\0&1&1\\-1&0&a\\0&a&-1\end{pmatrix}$，二次型 $f(x_1,x_2,x_3)=x^{\mathrm{T}}(\boldsymbol{A}^{\mathrm{T}}\boldsymbol{A})x$ 的秩为 2，则 $a=$________.

【答案】-1

【解析】二次型矩阵 $\boldsymbol{A}^{\mathrm{T}}\boldsymbol{A}$ 的秩 $R(\boldsymbol{A}^{\mathrm{T}}\boldsymbol{A})=R(\boldsymbol{A})=2$，又

$$\boldsymbol{A}=\begin{pmatrix}1&0&1\\0&1&1\\-1&0&a\\0&a&-1\end{pmatrix}\xrightarrow{r}\begin{pmatrix}1&0&1\\0&1&1\\0&0&a+1\\0&0&-1-a\end{pmatrix},$$

所以可得 $a=-1$.

小结

二次型的秩就是二次型矩阵的秩.

三阶突破

例13 设$\boldsymbol{A},\boldsymbol{B}$均为3阶矩阵,其中$\boldsymbol{A}=\begin{pmatrix}1&2&1\\3&4&a\\1&2&2\end{pmatrix}$,$\boldsymbol{AB}-\boldsymbol{A}+\boldsymbol{B}=\boldsymbol{E}$且$\boldsymbol{B}\neq\boldsymbol{E}$,则$a=$ ________.

【答案】$\frac{13}{2}$

线索

若$\boldsymbol{A}_{m\times n}\boldsymbol{B}_{n\times s}=\boldsymbol{O}$,则$R(\boldsymbol{A})+R(\boldsymbol{B})\leqslant n$.

【解析】由$\boldsymbol{AB}-\boldsymbol{A}+\boldsymbol{B}=\boldsymbol{E}$整理可得$(\boldsymbol{A}+\boldsymbol{E})(\boldsymbol{B}-\boldsymbol{E})=\boldsymbol{O}$,从而可得$R(\boldsymbol{A}+\boldsymbol{E})+R(\boldsymbol{B}-\boldsymbol{E})\leqslant 3$,又$\boldsymbol{B}\neq\boldsymbol{E}$,所以$R(\boldsymbol{A}+\boldsymbol{E})\leqslant 2$,即有

$$|\boldsymbol{A}+\boldsymbol{E}|=\begin{vmatrix}2&2&1\\3&5&a\\1&2&3\end{vmatrix}=13-2a=0,故 a=\frac{13}{2}.$$

小结

若$R(\boldsymbol{A}_{n\times n})<n$,则$|\boldsymbol{A}_{n\times n}|=0$.

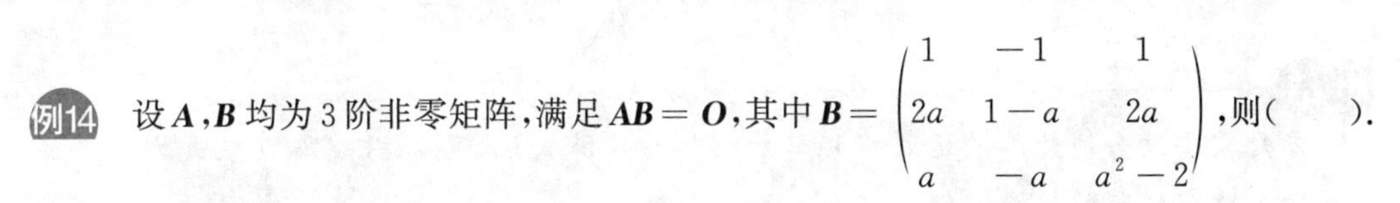

例14 设$\boldsymbol{A},\boldsymbol{B}$均为3阶非零矩阵,满足$\boldsymbol{AB}=\boldsymbol{O}$,其中$\boldsymbol{B}=\begin{pmatrix}1&-1&1\\2a&1-a&2a\\a&-a&a^2-2\end{pmatrix}$,则(　　).

(A) 若$a=2$,则$R(\boldsymbol{A})=1$　　(B) 若$a\neq 2$,则$R(\boldsymbol{A})=2$

(C) 若$a=-1$,则$R(\boldsymbol{A})=1$　　(D) 若$a\neq -1$,则$R(\boldsymbol{A})=2$

【答案】(A)

线索

若$\boldsymbol{A}_{m\times n}\boldsymbol{B}_{n\times s}=\boldsymbol{O}$,则$R(\boldsymbol{A})+R(\boldsymbol{B})\leqslant n$.

【解析】由$\boldsymbol{A},\boldsymbol{B}$均为3阶非零矩阵,可得$R(\boldsymbol{A})\geqslant 1$,$R(\boldsymbol{B})\geqslant 1$.又$\boldsymbol{AB}=\boldsymbol{O}$,可得$R(\boldsymbol{A})+R(\boldsymbol{B})\leqslant 3$,从而$R(\boldsymbol{A})<3$,$R(\boldsymbol{B})<3$,即有

$$|\boldsymbol{B}|=\begin{vmatrix}1&-1&1\\2a&1-a&2a\\a&-a&a^2-2\end{vmatrix}=(a+1)^2(a-2)=0,$$

故$a=-1$或$a=2$.

若$a=2$,则$R(\boldsymbol{B})=2$,从而$R(\boldsymbol{A})=1$.

故选(A).

小结

本题应先求出 a 的值,再进行分类讨论 $\boldsymbol{A},\boldsymbol{B}$ 的秩.

例15 若矩阵 $\boldsymbol{B}=\begin{pmatrix}1&2&0\\0&3&a\\0&0&5\end{pmatrix}$,$\boldsymbol{A}^2-2\boldsymbol{AB}=\boldsymbol{E}$,求 $R(\boldsymbol{AB}-2\boldsymbol{BA}+3\boldsymbol{A})$.

线索

将矩阵加法化为矩阵乘法.

【解】根据题意知 $\boldsymbol{B}$ 可逆,由 $\boldsymbol{A}^2-2\boldsymbol{AB}=\boldsymbol{E}$ 整理可得 $\boldsymbol{A}(\boldsymbol{A}-2\boldsymbol{B})=\boldsymbol{E}$,从而 $\boldsymbol{A}$ 可逆,可解得 $\boldsymbol{B}=\frac{1}{2}\boldsymbol{A}-\frac{1}{2}\boldsymbol{A}^{-1}$,于是

$$\begin{aligned}\boldsymbol{AB}-2\boldsymbol{BA}+3\boldsymbol{A}&=\boldsymbol{A}\left(\frac{1}{2}\boldsymbol{A}-\frac{1}{2}\boldsymbol{A}^{-1}\right)-2\left(\frac{1}{2}\boldsymbol{A}-\frac{1}{2}\boldsymbol{A}^{-1}\right)\boldsymbol{A}+3\boldsymbol{A}\\&=-\frac{1}{2}\boldsymbol{A}^2+3\boldsymbol{A}+\frac{1}{2}\boldsymbol{E}=-\frac{1}{2}(2\boldsymbol{AB}+\boldsymbol{E})+3\boldsymbol{A}+\frac{1}{2}\boldsymbol{E}\\&=-\boldsymbol{AB}+3\boldsymbol{A}=\boldsymbol{A}(-\boldsymbol{B}+3\boldsymbol{E}),\end{aligned}$$

$$\begin{aligned}R(\boldsymbol{AB}-2\boldsymbol{BA}+3\boldsymbol{A})&=R[\boldsymbol{A}(-\boldsymbol{B}+3\boldsymbol{E})]=R(-\boldsymbol{B}+3\boldsymbol{E})\\&=R\begin{pmatrix}2&-2&0\\0&0&-a\\0&0&-2\end{pmatrix}=2.\end{aligned}$$

小结

本题需要结合逆矩阵的运算将矩阵加法化为矩阵乘法,再根据矩阵左乘或右乘可逆矩阵不改变矩阵的秩来求解.

例16 已知 $\boldsymbol{Q}=\begin{pmatrix}1&2&3\\2&4&t\\3&6&9\end{pmatrix}$,$\boldsymbol{P}$ 为 3 阶非零矩阵,且满足 $\boldsymbol{PQ}=\boldsymbol{O}$,则(　　).

(A)$t=6$ 时,$\boldsymbol{P}$ 的秩必为 1　　(B)$t=6$ 时,$\boldsymbol{P}$ 的秩必为 2

(C)$t\neq6$ 时,$\boldsymbol{P}$ 的秩必为 1　　(D)$t\neq6$ 时,$\boldsymbol{P}$ 的秩必为 2

【答案】(C)

线索

$\boldsymbol{P},\boldsymbol{Q}$ 为 3 阶矩阵,$\boldsymbol{P}\neq\boldsymbol{O}\Leftrightarrow R(\boldsymbol{P})\geqslant1$;$\boldsymbol{PQ}=\boldsymbol{O}\Rightarrow R(\boldsymbol{P})+R(\boldsymbol{Q})\leqslant3$.

【解析】$\begin{cases}\boldsymbol{P}\neq\boldsymbol{O}\Leftrightarrow R(\boldsymbol{P})\geqslant1,\\\boldsymbol{PQ}=\boldsymbol{O}\Rightarrow R(\boldsymbol{P})+R(\boldsymbol{Q})\leqslant3.\end{cases}$

若 $t=6\Rightarrow R(\boldsymbol{Q})=1\Rightarrow\begin{cases}R(\boldsymbol{P})\geqslant1,\\R(\boldsymbol{P})\leqslant2\end{cases}\Rightarrow1\leqslant R(\boldsymbol{P})\leqslant2$,故(A)、(B) 两项均不正确;

若 $t \neq 6 \Rightarrow R(\boldsymbol{Q})=2 \Rightarrow \begin{cases} R(\boldsymbol{P}) \geqslant 1, \\ R(\boldsymbol{P}) \leqslant 1 \end{cases} \Rightarrow R(\boldsymbol{P})=1$,故(C)项正确.

故选(C).

小结

(1)$\boldsymbol{PQ}=\boldsymbol{O}$ 知 $\boldsymbol{Q}$ 的每一列均为 $\boldsymbol{Px}=\boldsymbol{0}$ 的解;

(2)$t \neq 6 \Rightarrow R(\boldsymbol{Q})=2 \Rightarrow \boldsymbol{Px}=\boldsymbol{0}$ 的基础解系中至少有 2 个线性无关的解向量,则

$$3-R(\boldsymbol{P}) \geqslant 2 \Rightarrow R(\boldsymbol{P}) \leqslant 1.$$

例17 已知 $a^2+b^2+c^2=1$,求证:矩阵 $\boldsymbol{A}=\begin{pmatrix} 1-a^2 & -ab & -ac \\ -ab & 1-b^2 & -bc \\ -ac & -bc & 1-c^2 \end{pmatrix}$ 的秩为 2.

线索

$\boldsymbol{A}=\boldsymbol{E}-\boldsymbol{B}, \boldsymbol{B}=\begin{pmatrix} a \\ b \\ c \end{pmatrix}(a,b,c)=\boldsymbol{\alpha\alpha}^{\mathrm{T}}$.

【证明】令 $\boldsymbol{\alpha}=(a,b,c)^{\mathrm{T}}$,则

$\boldsymbol{A}=\boldsymbol{E}-\boldsymbol{\alpha\alpha}^{\mathrm{T}}, \boldsymbol{A}^2=(\boldsymbol{E}-\boldsymbol{\alpha\alpha}^{\mathrm{T}})(\boldsymbol{E}-\boldsymbol{\alpha\alpha}^{\mathrm{T}})=\boldsymbol{E}-2\boldsymbol{\alpha\alpha}^{\mathrm{T}}+\boldsymbol{\alpha\alpha}^{\mathrm{T}}\boldsymbol{\alpha\alpha}^{\mathrm{T}}=\boldsymbol{E}-\boldsymbol{\alpha\alpha}^{\mathrm{T}}=\boldsymbol{A}$,
且 $\mathrm{tr}(\boldsymbol{A})=2$,从而矩阵 $\boldsymbol{A}$ 的特征值为 $\lambda_1=0, \lambda_2=\lambda_3=1$,又

$$\boldsymbol{A}^{\mathrm{T}}=\boldsymbol{A}, \boldsymbol{A} \sim \boldsymbol{\Lambda}=\begin{pmatrix} 0 & & \\ & 1 & \\ & & 1 \end{pmatrix} \Rightarrow R(\boldsymbol{A})=R(\boldsymbol{\Lambda})=2.$$

小结

$\boldsymbol{\alpha}, \boldsymbol{\beta}$ 均为列向量,则 $\boldsymbol{\alpha}^{\mathrm{T}}\boldsymbol{\beta}=\boldsymbol{\beta}^{\mathrm{T}}\boldsymbol{\alpha}=\mathrm{tr}(\boldsymbol{\alpha\beta}^{\mathrm{T}})=\mathrm{tr}(\boldsymbol{\beta\alpha}^{\mathrm{T}})$,且 $(\boldsymbol{\alpha\beta}^{\mathrm{T}})^n=(\boldsymbol{\alpha}^{\mathrm{T}}\boldsymbol{\beta})^{n-1}\boldsymbol{\alpha\beta}^{\mathrm{T}}$.

例18 若矩阵 $\boldsymbol{A} \in \mathbf{R}^{n \times n}$,且满足 $R(\boldsymbol{A})=R(\boldsymbol{A}^2)$,证明 $R(\boldsymbol{A}^k)=R(\boldsymbol{A})$,其中 $k \in \mathbf{N}$.

线索

矩阵的初等变换不改变其秩和矩阵的性质是入手的关键.

【证明】注意到下面变换(由矩阵的初等变换)及矩阵的性质有

$$R(\boldsymbol{A}^2)+R(\boldsymbol{A}^2)=R\begin{pmatrix} \boldsymbol{A}^2 & \boldsymbol{O} \\ \boldsymbol{O} & \boldsymbol{A}^2 \end{pmatrix} \leqslant R\begin{pmatrix} \boldsymbol{A}^2 & \boldsymbol{O} \\ \boldsymbol{A} & \boldsymbol{A}^2 \end{pmatrix}=R\begin{pmatrix} \boldsymbol{A}^2 & -\boldsymbol{A}^3 \\ \boldsymbol{A} & \boldsymbol{O} \end{pmatrix}$$

$$=R\begin{pmatrix} \boldsymbol{O} & -\boldsymbol{A}^3 \\ \boldsymbol{A} & \boldsymbol{O} \end{pmatrix}=R(\boldsymbol{A})+R(\boldsymbol{A}^3),$$

由 $R(\boldsymbol{A})=R(\boldsymbol{A}^2)$ 得 $R(\boldsymbol{A}^2) \leqslant R(\boldsymbol{A}^3)$. 又 $R(\boldsymbol{A}^3)=R(\boldsymbol{A}^2\boldsymbol{A}) \leqslant R(\boldsymbol{A}^2)$,故 $R(\boldsymbol{A}^2)=R(\boldsymbol{A}^3)$.
归纳可得:$R(\boldsymbol{A}^2)=R(\boldsymbol{A}^3)=\cdots=R(\boldsymbol{A}^k), k \in \mathbf{N}$.

小结

$R(\boldsymbol{A})+R(\boldsymbol{B})=R\begin{pmatrix}\boldsymbol{A} & \boldsymbol{O}\\ \boldsymbol{O} & \boldsymbol{B}\end{pmatrix}$，$R\begin{pmatrix}\boldsymbol{A} & \boldsymbol{O}\\ \boldsymbol{O} & \boldsymbol{B}\end{pmatrix}\leqslant R\begin{pmatrix}\boldsymbol{A} & \boldsymbol{O}\\ \boldsymbol{C} & \boldsymbol{B}\end{pmatrix}$，$R(\boldsymbol{AB})\leqslant \min\{R(\boldsymbol{A}),R(\boldsymbol{B})\}$.

专项突破小练

矩阵——学情测评(A)

一、选择题

1. 设 $\boldsymbol{A}$ 为 n 阶可逆矩阵，则下列等式不成立的是(　　).

(A) $(\boldsymbol{A}+\boldsymbol{A}^{-1})^2=\boldsymbol{A}^2+2\boldsymbol{E}+(\boldsymbol{A}^{-1})^2$

(B) $(\boldsymbol{A}+\boldsymbol{A}^{\mathrm{T}})^2=\boldsymbol{A}^2+2\boldsymbol{A}\boldsymbol{A}^{\mathrm{T}}+(\boldsymbol{A}^{\mathrm{T}})^2$

(C) $(\boldsymbol{A}+\boldsymbol{A}^{*})^2=\boldsymbol{A}^2+2\boldsymbol{A}\boldsymbol{A}^{*}+(\boldsymbol{A}^{*})^2$

(D) $(\boldsymbol{A}+\boldsymbol{E})^2=\boldsymbol{A}^2+2\boldsymbol{A}\boldsymbol{E}+\boldsymbol{E}^2$

2. 设 $\boldsymbol{A}$ 是3阶方阵，将 $\boldsymbol{A}$ 的第1列与第2列交换得到 $\boldsymbol{B}$，再将 $\boldsymbol{B}$ 的第2列加到第3列得到 $\boldsymbol{C}$，则满足 $\boldsymbol{AQ}=\boldsymbol{C}$ 的可逆矩阵 $\boldsymbol{Q}$ 为(　　).

(A) $\begin{pmatrix}0&1&0\\1&0&0\\1&0&1\end{pmatrix}$　(B) $\begin{pmatrix}0&1&0\\1&0&1\\0&0&1\end{pmatrix}$　(C) $\begin{pmatrix}0&1&0\\1&0&0\\0&1&1\end{pmatrix}$　(D) $\begin{pmatrix}0&1&1\\1&0&0\\0&0&1\end{pmatrix}$

3. 设 $\boldsymbol{A},\boldsymbol{B}$ 均为 n 阶矩阵，$\boldsymbol{AB}=\boldsymbol{O}$，且 $\boldsymbol{B}\neq\boldsymbol{O}$，则必有(　　).

(A) $(\boldsymbol{A}+\boldsymbol{B})^2=\boldsymbol{A}^2+\boldsymbol{B}^2$　(B) $|\boldsymbol{B}|\neq 0$

(C) $|\boldsymbol{B}^{*}|\neq 0$　(D) $|\boldsymbol{A}^{*}|=0$

4. 设 $\boldsymbol{A}$ 是 n 阶矩阵，且 $\boldsymbol{A}^3=\boldsymbol{O}$，则下列矩阵中必不可逆的是(　　).

(A) $\boldsymbol{A}-\boldsymbol{E}$　(B) $\boldsymbol{A}+\boldsymbol{E}$　(C) $\boldsymbol{A}^2$　(D) $\boldsymbol{A}^3+\boldsymbol{E}$

二、填空题

5. 已知 $\boldsymbol{A}$ 是3阶矩阵，且所有元素都是 -1，则 $\boldsymbol{A}^4+2\boldsymbol{A}^3=$________.

6. 设3阶矩阵 $\boldsymbol{A}$ 的特征值为1,2,3，$\boldsymbol{B}=\boldsymbol{A}^3-\boldsymbol{A}^2$，则 $R(\boldsymbol{B})=$________.

7. 设3阶矩阵 $\boldsymbol{A}$ 的逆矩阵 $\boldsymbol{A}^{-1}=\begin{pmatrix}1&1&1\\1&2&1\\1&1&3\end{pmatrix}$，则 $(\boldsymbol{A}^{*})^{-1}=$________.

8. 设 $\boldsymbol{\alpha}=(1,0,1)^{\mathrm{T}}$，$\boldsymbol{\beta}=(0,1,1)^{\mathrm{T}}$，$\boldsymbol{PA}=\boldsymbol{\alpha}\boldsymbol{\beta}^{\mathrm{T}}\boldsymbol{P}$，其中 $\boldsymbol{P}=\begin{pmatrix}1&0&0\\1&1&0\\0&0&1\end{pmatrix}$，则 $\boldsymbol{A}^{2021}=$________.

三、解答题

9. 设 $\boldsymbol{A}$ 是 n 阶矩阵，若 $(\boldsymbol{A}+\boldsymbol{E})^m=\boldsymbol{O}$，证明矩阵 $\boldsymbol{A}$ 可逆.

10. 设 $\boldsymbol{B}$ 是 $m\times n$ 矩阵，$\boldsymbol{B}\boldsymbol{B}^{\mathrm{T}}$ 可逆，$\boldsymbol{A}=\boldsymbol{E}-\boldsymbol{B}^{\mathrm{T}}(\boldsymbol{B}\boldsymbol{B}^{\mathrm{T}})^{-1}\boldsymbol{B}$，其中 $\boldsymbol{E}$ 是 n 阶单位矩阵. 证明：

(1) $\boldsymbol{A}^{\mathrm{T}}=\boldsymbol{A}$；

(2) $\boldsymbol{A}^2=\boldsymbol{A}$.

11. 设 $\boldsymbol{A},\boldsymbol{B}$ 为 n 阶矩阵，$\boldsymbol{P}=\begin{pmatrix}\boldsymbol{A} & \boldsymbol{O}\\ \boldsymbol{O} & \boldsymbol{B}\end{pmatrix}$，$\boldsymbol{Q}=\begin{pmatrix}|\boldsymbol{B}|\boldsymbol{A}^* & \boldsymbol{O}\\ \boldsymbol{O} & |\boldsymbol{A}|\boldsymbol{B}^*\end{pmatrix}$.

(1) 求 $\boldsymbol{PQ}$ 的值；

(2) 证明：当 $\boldsymbol{P}$ 可逆时，$\boldsymbol{PQ}$ 也可逆.

12. 设 $\boldsymbol{A}=\begin{pmatrix}0 & 0 & 1\\ a-1 & 1 & a+1\\ 1 & 0 & 0\end{pmatrix}$ 有 3 个线性无关的特征向量，$\boldsymbol{B}=\begin{pmatrix}1 & 0 & 0\\ 0 & 1 & 0\\ -1 & 0 & -1\end{pmatrix}$.

(1) 求 a 的值；

(2) 求可逆矩阵 $\boldsymbol{Q}$，使得 $\boldsymbol{AQ}=\boldsymbol{B}$.

矩阵 —— 学情测评(B)

一、选择题

1. 设 $\boldsymbol{B}=\begin{pmatrix}1 & 2 & -1\\ 2 & k & 4\\ 3 & 5 & k\end{pmatrix}$，$k$ 为常数，$\boldsymbol{A}$ 是 3 阶非零矩阵，且 $\boldsymbol{A}\boldsymbol{B}^{\mathrm{T}}=\boldsymbol{O}$，则(　　).

(A) $R(\boldsymbol{A})=2,R(\boldsymbol{B})=1$　　(B) $R(\boldsymbol{A})=1,R(\boldsymbol{B})=1$

(C) $R(\boldsymbol{A})=1,R(\boldsymbol{B})=2$　　(D) $R(\boldsymbol{A})=2,R(\boldsymbol{B})=2$

2. 设 n 阶矩阵 $\boldsymbol{A}$ 与 $\boldsymbol{B}$ 等价，考虑下列命题

(1) $|\boldsymbol{A}|=|\boldsymbol{B}|$；

(2) $\boldsymbol{A}=\boldsymbol{B}$；

(3) $\boldsymbol{A}$ 与 $\boldsymbol{B}$ 必有同阶不为零的子式；

(4) 若矩阵 $\boldsymbol{A}$ 不可逆，则矩阵 $\boldsymbol{B}$ 一定不可逆.

其中正确的个数为(　　).

(A) 0　　(B) 1　　(C) 2　　(D) 3

3. 设 $\boldsymbol{A}$ 为 $m\times n$ 阶矩阵，且 $R(\boldsymbol{A})=m<n$，则(　　).

(A) $\boldsymbol{A}$ 的任意 m 个列向量都线性无关

(B) $\boldsymbol{A}$ 的任意 m 阶子式都不等于零

(C) 非齐次线性方程组 $\boldsymbol{Ax}=\boldsymbol{b}$ 一定有无穷多个解

(D) 矩阵 $\boldsymbol{A}$ 通过初等行变换一定可以化为 $(\boldsymbol{E}_m\,\vdots\,\boldsymbol{O})$

4. 设 $\boldsymbol{P}_1=\begin{pmatrix}0 & 1 & 0\\ 1 & 0 & 0\\ 0 & 0 & 1\end{pmatrix}$，$\boldsymbol{P}_2=\begin{pmatrix}0 & 0 & 1\\ 0 & 1 & 0\\ 1 & 0 & 0\end{pmatrix}$，$\boldsymbol{A}=\begin{pmatrix}a_{11} & a_{12} & a_{13}\\ a_{21} & a_{22} & a_{23}\\ a_{31} & a_{32} & a_{33}\end{pmatrix}$，若 $\boldsymbol{P}_1{}^m\boldsymbol{A}\boldsymbol{P}_2{}^n=\begin{pmatrix}a_{23} & a_{22} & a_{21}\\ a_{13} & a_{12} & a_{11}\\ a_{33} & a_{32} & a_{31}\end{pmatrix}$，

则 m,n 可取(　　).

(A)$m=3,n=2$　　(B)$m=3,n=5$

(C)$m=2,n=3$　　(D)$m=2,n=2$

二、填空题

5. 设 $\boldsymbol{A}$ 是 3 阶矩阵，$\boldsymbol{A}^*$ 是 $\boldsymbol{A}$ 的伴随矩阵，若 $|\boldsymbol{A}|=4$，则 $\left|\boldsymbol{A}^*-\left(\frac{1}{2}\boldsymbol{A}\right)^{-1}\right|=$________.

6. 设 $\boldsymbol{A},\boldsymbol{B}$ 都是3阶矩阵，$\boldsymbol{A}=\begin{pmatrix}1&2&0\\2&3&0\\1&2&3\end{pmatrix}$，且满足 $(\boldsymbol{A}^*)^{-1}\boldsymbol{B}=\boldsymbol{ABA}+2\boldsymbol{A}^2$，则 $\boldsymbol{B}=$________.

7. 设 $\boldsymbol{A}$ 是 n 阶矩阵，满足 $(\boldsymbol{A}-\boldsymbol{E})^3=(\boldsymbol{A}+\boldsymbol{E})^3$，则 $(\boldsymbol{A}-2\boldsymbol{E})^{-1}=$________.

8. 设 $\boldsymbol{A}=\begin{pmatrix}1&1&-1\\2&a&-1\\4&2&a\end{pmatrix}$，$\boldsymbol{B}\neq\boldsymbol{O}$ 为 3 阶矩阵，且 $\boldsymbol{BA}=\boldsymbol{O}$，则 $R(\boldsymbol{B})=$________.

三、解答题

9. 设 $\boldsymbol{A}=\begin{pmatrix}2&-2&1&3\\9&-5&2&8\end{pmatrix}$，求一个 4×2 矩阵 $\boldsymbol{B}$，使 $\boldsymbol{AB}=\boldsymbol{O}$，且 $R(\boldsymbol{B})=2$.

10. 设 $\boldsymbol{A}$ 是 n 阶反实对称矩阵，即 $\boldsymbol{A}^{\mathrm{T}}=-\boldsymbol{A}$，证明：

(1) 对任意一个 n 维实列向量 $\boldsymbol{\alpha}$，$\boldsymbol{\alpha}$ 与 $\boldsymbol{A\alpha}$ 正交；

(2)$\boldsymbol{A}+\boldsymbol{E}$ 与 $\boldsymbol{A}-\boldsymbol{E}$ 都可逆；

(3)$(\boldsymbol{A}-\boldsymbol{E})(\boldsymbol{A}+\boldsymbol{E})^{-1}$ 是正交矩阵.

11. 设 $\boldsymbol{A}=\begin{pmatrix}a&b&2\\-1&0&-1\\0&0&1\end{pmatrix}$ 与 $\boldsymbol{B}=\begin{pmatrix}1&0&2\\0&2&0\\0&4&-1\end{pmatrix}$ 相似.

(1) 求 a,b；

(2) 求可逆矩阵 $\boldsymbol{P}$，使得 $\boldsymbol{P}^{-1}\boldsymbol{AP}=\boldsymbol{B}$；

(3)$\boldsymbol{A}^n\begin{pmatrix}1\\1\\1\end{pmatrix}$，$\boldsymbol{B}^n$.

12. 设 $\boldsymbol{A}=\begin{pmatrix}2&0&1\\0&2&0\\3&0&2\end{pmatrix}$ 满足 $\boldsymbol{A}^*\boldsymbol{B}(\boldsymbol{A}^*)^{-1}=6\boldsymbol{A}+2\boldsymbol{BA}$，其中 $\boldsymbol{A}^*$ 是 $\boldsymbol{A}$ 的伴随矩阵，$\boldsymbol{B}$ 为 3 阶矩阵.

(1) 求矩阵 $\boldsymbol{B}$；

(2) 求可逆矩阵 $\boldsymbol{P}$ 和 $\boldsymbol{Q}$，使得 $\boldsymbol{PAQ}=\boldsymbol{B}$.

行列式——学情测评(A)答案部分

一、选择题

1.【答案】(C)

【解析】由 $|\boldsymbol{\alpha}_1,\boldsymbol{\alpha}_2,\boldsymbol{\alpha}_3,\boldsymbol{\gamma}|=a$，$|\boldsymbol{\beta}+\boldsymbol{\gamma},\boldsymbol{\alpha}_1,\boldsymbol{\alpha}_2,\boldsymbol{\alpha}_3|=b$，从而得 $|\boldsymbol{\beta},\boldsymbol{\alpha}_1,\boldsymbol{\alpha}_2,\boldsymbol{\alpha}_3|=b+a$，从而 $|2\boldsymbol{\beta},\boldsymbol{\alpha}_1,\boldsymbol{\alpha}_2,\boldsymbol{\alpha}_3|=2(a+b)$，得 $|2\boldsymbol{\beta},\boldsymbol{\alpha}_3,\boldsymbol{\alpha}_2,\boldsymbol{\alpha}_1|=-2(a+b)$.

故选(C).

2.【答案】(D)

【解析】利用矩阵行列式的性质有

$$\left|(-3)\begin{pmatrix}\boldsymbol{A}^{-1} & \boldsymbol{O}\\ \boldsymbol{O} & \boldsymbol{B}^{\mathrm{T}}\end{pmatrix}\right|=(-3)^{2n}\begin{vmatrix}\boldsymbol{A}^{-1} & \boldsymbol{O}\\ \boldsymbol{O} & \boldsymbol{B}^{\mathrm{T}}\end{vmatrix}=(-3)^{2n}|\boldsymbol{A}^{-1}||\boldsymbol{B}^{\mathrm{T}}|=9^n|\boldsymbol{A}|^{-1}|\boldsymbol{B}|.$$

故选(D).

3.【答案】(D)

【解析】由克拉默法则可知：

$$x_2=\frac{|\boldsymbol{A}_2|}{|\boldsymbol{A}|}=\frac{\begin{vmatrix}1&1&1\\2&4&3\\4&16&9\end{vmatrix}}{\begin{vmatrix}1&1&1\\2&-1&3\\4&1&9\end{vmatrix}}=\frac{(3-4)(3-2)(4-2)}{(3+1)(3-2)(-1-2)}=\frac{-2}{-12}=\frac{1}{6}.$$

故选(D).

4.【答案】(B)

【解析】由题意可知 $\boldsymbol{BA}$ 是 $n\times n$ 阶矩阵，又 $R(\boldsymbol{BA})\leqslant R(\boldsymbol{A})\leqslant m<n$，所以 $|\boldsymbol{BA}|=0$. 故选(B).

二、填空题

5.【答案】-7

【解析】设矩阵 $\boldsymbol{A}$ 的任意特征值为 λ，相应的特征向量为 $\boldsymbol{\alpha}$，即 $\boldsymbol{A\alpha}=\lambda\boldsymbol{\alpha}$. 方程 $\boldsymbol{A}^2+2\boldsymbol{A}-3\boldsymbol{E}=\boldsymbol{O}$ 两边右乘 $\boldsymbol{\alpha}$，整理有 $(\lambda^2+2\lambda-3)\boldsymbol{\alpha}=\boldsymbol{0}$，又 $\boldsymbol{\alpha}\neq\boldsymbol{0}$，故

$$\lambda^2+2\lambda-3=0,$$

从而 $\lambda=1$ 或 $\lambda=-3$.

又 $|\boldsymbol{A}|=-3$，所以 $\boldsymbol{A}$ 的特征值为 $1,1,-3$. 于是 $2\boldsymbol{A}-\boldsymbol{E}$ 的特征值为 $1,1,-7$，即有

$$|2\boldsymbol{A}-\boldsymbol{E}|=1\times1\times(-7)=-7.$$

6.【答案】2^{11}

【解析】因为 $\boldsymbol{A}$ 的特征值是 $1,-1,2$，所以 $|\boldsymbol{A}|=1\times(-1)\times2=-2$，于是

$$\left|\,|\boldsymbol{A}|\begin{pmatrix}\boldsymbol{O} & \boldsymbol{A}^*\\ -2\boldsymbol{E} & \boldsymbol{A}\end{pmatrix}\right|=|\boldsymbol{A}|^6\begin{vmatrix}\boldsymbol{O} & \boldsymbol{A}^*\\ -2\boldsymbol{E} & \boldsymbol{A}\end{vmatrix}=(-2)^6\times(-1)^{3\times 3}\cdot|\boldsymbol{A}^*|\cdot|-2\boldsymbol{E}|$$

$$=-2^6\cdot|\boldsymbol{A}|^2\cdot(-2)^3=-2^6\times 2^2\times(-2)^3=2^{11}.$$

7.【答案】6

【解析】因为 $\boldsymbol{B}$ 是 3 阶正交矩阵，所以 $\boldsymbol{B}\boldsymbol{B}^{\mathrm{T}}=\boldsymbol{B}^{\mathrm{T}}\boldsymbol{B}=\boldsymbol{E}$，故 $|\boldsymbol{B}|=1$ 或 $|\boldsymbol{B}|=-1$. 又 $|\boldsymbol{B}|<0$，故 $|\boldsymbol{B}|=-1$. 从而

$$\boldsymbol{E}-\boldsymbol{B}\boldsymbol{A}^{\mathrm{T}}=\boldsymbol{B}\boldsymbol{B}^{\mathrm{T}}-\boldsymbol{B}\boldsymbol{A}^{\mathrm{T}}=\boldsymbol{B}(\boldsymbol{B}^{\mathrm{T}}-\boldsymbol{A}^{\mathrm{T}})=[(\boldsymbol{B}-\boldsymbol{A})\boldsymbol{B}^{\mathrm{T}}]^{\mathrm{T}}.$$

所以 $|\boldsymbol{E}-\boldsymbol{B}\boldsymbol{A}^{\mathrm{T}}|=|[(\boldsymbol{B}-\boldsymbol{A})\boldsymbol{B}^{\mathrm{T}}]^{\mathrm{T}}|=|(\boldsymbol{B}-\boldsymbol{A})\boldsymbol{B}^{\mathrm{T}}|=|\boldsymbol{B}-\boldsymbol{A}||\boldsymbol{B}|$

$$=(-1)^3|\boldsymbol{A}-\boldsymbol{B}||\boldsymbol{B}|=6.$$

三、解答题

8.【解】将行列式的第 $2,3,\cdots,n$ 列加到第 1 列得

$$D_n=\begin{vmatrix}x_1-m & x_2 & \cdots & x_n\\ x_1 & x_2-m & \cdots & x_n\\ \vdots & \vdots & & \vdots\\ x_1 & x_2 & \cdots & x_n-m\end{vmatrix}=\left(\sum_{i=1}^{n}x_i-m\right)\begin{vmatrix}1 & x_2 & \cdots & x_n\\ 1 & x_2-m & \cdots & x_n\\ \vdots & \vdots & & \vdots\\ 1 & x_2 & \cdots & x_n-m\end{vmatrix}$$

$$=\left(\sum_{i=1}^{n}x_i-m\right)\begin{vmatrix}1 & x_2 & \cdots & x_n\\ 0 & -m & \cdots & 0\\ \vdots & \vdots & & \vdots\\ 0 & 0 & \cdots & -m\end{vmatrix}=\left(\sum_{i=1}^{n}x_i-m\right)(-m)^{n-1}.$$

9.【解】设 $\boldsymbol{A}=\begin{pmatrix}0 & 1 & 0 & 0 & \cdots & 0\\ 0 & 0 & 2^{-1} & 0 & \cdots & 0\\ 0 & 0 & 0 & 3^{-1} & \cdots & 0\\ \vdots & \vdots & \vdots & \vdots & & \vdots\\ 0 & 0 & 0 & 0 & \cdots & (n-1)^{-1}\\ n^{-1} & 0 & 0 & 0 & \cdots & 0\end{pmatrix}$，有 $|\boldsymbol{A}|=\dfrac{(-1)^{n+1}}{n!}$，则

$$\boldsymbol{A}^*=(A_{ji})_{n\times n}=|\boldsymbol{A}|\boldsymbol{A}^{-1}=\frac{(-1)^{n+1}}{n!}\begin{pmatrix}0 & 0 & 0 & \cdots & 0 & n\\ 1 & 0 & 0 & \cdots & 0 & 0\\ 0 & 2 & 0 & \cdots & 0 & 0\\ 0 & 0 & 3 & \cdots & 0 & 0\\ \vdots & \vdots & \vdots & & \vdots & \vdots\\ 0 & 0 & 0 & \cdots & n-1 & 0\end{pmatrix},$$

从而 $$\sum_{i=1}^{n}\sum_{j=1}^{n}A_{ij}=\frac{(-1)^{n+1}}{n!}\frac{n(n+1)}{2}=\frac{(-1)^{n-1}(n+1)}{2(n-1)!}.$$

10.【解】$\boldsymbol{AB}+\boldsymbol{E}=\begin{pmatrix}1 & 0 & ka_{13} & la_{14}\\ 0 & 1 & ka_{23} & la_{24}\\ 0 & 0 & 1 & la_{34}\\ 0 & 0 & ka_{34} & 1\end{pmatrix}$.

(1) $|\boldsymbol{AB}+\boldsymbol{E}|=1-lka_{34}^2$,当 $a_{34}^2\neq\frac{1}{kl}$ 时,矩阵 $\boldsymbol{AB}+\boldsymbol{E}$ 可逆.

(2) 当 $a_{34}^2\neq\frac{1}{kl}$ 时,因为 $\boldsymbol{A}^{\mathrm{T}}=\boldsymbol{A},\boldsymbol{B}^{\mathrm{T}}=\boldsymbol{B}$,又 $(\boldsymbol{AB}+\boldsymbol{E})^{-1}\boldsymbol{A}=[\boldsymbol{A}^{-1}(\boldsymbol{AB}+\boldsymbol{E})]^{-1}=(\boldsymbol{B}+\boldsymbol{A}^{-1})^{-1}$,故有 $[(\boldsymbol{AB}+\boldsymbol{E})^{-1}\boldsymbol{A}]^{\mathrm{T}}=[(\boldsymbol{B}+\boldsymbol{A}^{-1})^{-1}]^{\mathrm{T}}=[(\boldsymbol{B}+\boldsymbol{A}^{-1})^{\mathrm{T}}]^{-1}=[\boldsymbol{B}^{\mathrm{T}}+(\boldsymbol{A}^{-1})^{\mathrm{T}}]^{-1}=(\boldsymbol{B}+\boldsymbol{A}^{-1})^{-1}$,所以 $(\boldsymbol{AB}+\boldsymbol{E})^{-1}\boldsymbol{A}$ 为实对称矩阵.

11.【解】因为 $|\boldsymbol{A}|=\begin{vmatrix}2&1&0\\1&2&0\\0&0&1\end{vmatrix}=3\neq0$,故 $\boldsymbol{A}$ 可逆. 方程 $\boldsymbol{ABA}^*=2\boldsymbol{BA}^*+\boldsymbol{E}$ 两边左乘 $\boldsymbol{A}^{-1}$,右乘 $\boldsymbol{A}$,有 $\boldsymbol{A}^{-1}\boldsymbol{ABA}^*\boldsymbol{A}=2\boldsymbol{A}^{-1}\boldsymbol{BA}^*\boldsymbol{A}+\boldsymbol{A}^{-1}\boldsymbol{EA}$,整理可得 $|\boldsymbol{A}|\boldsymbol{B}=2|\boldsymbol{A}|\boldsymbol{A}^{-1}\boldsymbol{B}+\boldsymbol{E}$,即 $3\boldsymbol{B}=6\boldsymbol{A}^{-1}\boldsymbol{B}+\boldsymbol{E}$,于是

$$\boldsymbol{B}=(3\boldsymbol{E}-6\boldsymbol{A}^{-1})^{-1}=(3\boldsymbol{AA}^{-1}-6\boldsymbol{A}^{-1})^{-1}=[(3\boldsymbol{A}-6\boldsymbol{E})\boldsymbol{A}^{-1}]^{-1}=\boldsymbol{A}(3\boldsymbol{A}-6\boldsymbol{E})^{-1}.$$

所以 $|\boldsymbol{B}|=|\boldsymbol{A}||3\boldsymbol{A}-6\boldsymbol{E}|^{-1}=3\times\begin{vmatrix}0&3&0\\3&0&0\\0&0&-3\end{vmatrix}^{-1}=\frac{1}{9}$.

行列式 —— 学情测评(B)答案部分

一、选择题

1.【答案】(A)

【解析】因为 $|\boldsymbol{\alpha}_1,\boldsymbol{\alpha}_1+\boldsymbol{\alpha}_2,\boldsymbol{\alpha}_1+\boldsymbol{\alpha}_2+\boldsymbol{\alpha}_3|=\left|(\boldsymbol{\alpha}_1,\boldsymbol{\alpha}_2,\boldsymbol{\alpha}_3)\begin{pmatrix}1&1&1\\0&1&1\\0&0&1\end{pmatrix}\right|$

$$=|\boldsymbol{\alpha}_1,\boldsymbol{\alpha}_2,\boldsymbol{\alpha}_3|\begin{vmatrix}1&1&1\\0&1&1\\0&0&1\end{vmatrix}=|\boldsymbol{\alpha}_1,\boldsymbol{\alpha}_2,\boldsymbol{\alpha}_3|.$$

故选(A).

2.【答案】(C)

【解析】由 $\boldsymbol{AB}+\boldsymbol{B}+\boldsymbol{A}+2\boldsymbol{E}=\boldsymbol{O}$,整理可得 $(\boldsymbol{A}+\boldsymbol{E})(\boldsymbol{B}+\boldsymbol{E})=-\boldsymbol{E}$,从而式子两边求行列式,有 $|\boldsymbol{A}+\boldsymbol{E}||\boldsymbol{B}+\boldsymbol{E}|=|-\boldsymbol{E}|$,即

$$|\boldsymbol{B}+\boldsymbol{E}|=|\boldsymbol{A}+\boldsymbol{E}|^{-1}=\begin{vmatrix}2&0&2&0\\0&-1&0&0\\-1&0&2&0\\0&0&0&2\end{vmatrix}^{-1}=-\frac{1}{12}.$$

故选(C).

3.【答案】(D)

【解析】利用矩阵行列式可知 $|\boldsymbol{AB}|=|\boldsymbol{A}||\boldsymbol{B}|$.

故选(D).

4.【答案】(A)

【解析】不妨设 D 的第 1 列元素及其余子式都等于 a，则将行列式 D 按第 1 列展开有

$$\begin{aligned}D&=a_{11}A_{11}+a_{21}A_{21}+\cdots+a_{2n,1}A_{2n,1}\\&=a_{11}M_{11}-a_{21}M_{21}+\cdots+a_{2n-1,1}M_{2n-1,1}-a_{2n,1}M_{2n,1}=0.\end{aligned}$$

故选(A).

二、填空题

5.【答案】x^3+2x^2+3x+4

【解析】$\begin{vmatrix}x&-1&0&0\\0&x&-1&0\\0&0&x&-1\\4&3&2&1\end{vmatrix}=\begin{vmatrix}x&-1&0&0\\0&x&-1&0\\4&3&x+2&0\\4&3&2&1\end{vmatrix}=\begin{vmatrix}x&-1&0\\0&x&-1\\4&3&x+2\end{vmatrix}$

$$=x\begin{vmatrix}x&-1\\3&x+2\end{vmatrix}+4\begin{vmatrix}-1&0\\x&-1\end{vmatrix}$$

$$=x(x^2+2x+3)+4=x^3+2x^2+3x+4.$$

6.【答案】3,8

【解析】$11=M_{11}+M_{12}+M_{13}=\boldsymbol{A}_{11}-\boldsymbol{A}_{12}+\boldsymbol{A}_{13}=\begin{vmatrix}1&-1&1\\b&1&a\\3&1&2\end{vmatrix}=3b-4a-1$，即

$$-4a+3b=12, \qquad ①$$

又 $$\begin{vmatrix}1&2&3\\b&1&a\\3&1&2\end{vmatrix}=5a-b-7=0,$$

即 $$5a-b=7, \qquad ②$$

联立 ①② 有 $$a=3,b=8.$$

7.【答案】$\frac{1}{2}n(n+1)$

【解析】$\begin{vmatrix}1&2&3&\cdots&n-1&n\\-1&1&0&\cdots&0&0\\0&-1&1&\cdots&0&0\\\vdots&\vdots&\vdots&&\vdots&\vdots\\0&0&0&\cdots&-1&1\end{vmatrix}=\begin{vmatrix}\frac{n(n+1)}{2}&2&3&\cdots&n-1&n\\0&1&0&\cdots&0&0\\0&-1&1&\cdots&0&0\\\vdots&\vdots&\vdots&&\vdots&\vdots\\0&0&0&\cdots&-1&1\end{vmatrix}$

$$=\frac{n(n+1)}{2}.$$

8.【答案】$\dfrac{64}{3}$

【解析】因为 $\boldsymbol{A}$ 与 $\boldsymbol{B}$ 相似，故 $\boldsymbol{A}$ 与 $\boldsymbol{B}$ 特征值相同，从而 $\lambda_1=1,\lambda_2=2$ 也为 $\boldsymbol{B}$ 的两个特征值，又 $|\boldsymbol{B}|=2=\lambda_1\lambda_2\lambda_3$，从而 $\lambda_3=1$，于是 $\boldsymbol{A}$ 与 $\boldsymbol{B}$ 的特征值均为 1,1,2. 利用特征值的性质可知，$\boldsymbol{A}+\boldsymbol{E}$ 的特征值为 2,2,3，于是

$$\begin{vmatrix}(\boldsymbol{A}+\boldsymbol{E})^{-1} & \boldsymbol{O}\\ \boldsymbol{O} & (2\boldsymbol{B})^*\end{vmatrix}=|(\boldsymbol{A}+\boldsymbol{E})^{-1}||(2\boldsymbol{B})^*|=|\boldsymbol{A}+\boldsymbol{E}|^{-1}|2\boldsymbol{B}|^2=\frac{1}{12}\times 2^8=\frac{64}{3}.$$

三、解答题

9.【解】$D=\begin{vmatrix}1+a^2+b^2+c^2 & c(1+a^2+b^2+c^2) & -b(1+a^2+b^2+c^2)\\ 2ab-2c & 1+b^2-a^2-c^2 & 2bc+2a\\ 2ac+2b & 2bc-2a & 1+c^2-a^2-b^2\end{vmatrix}$

$$=(1+a^2+b^2+c^2)\begin{vmatrix}1 & c & -b\\ 2ab-2c & 1+b^2-a^2-c^2 & 2bc+2a\\ 2ac+2b & 2bc-2a & 1+c^2-a^2-b^2\end{vmatrix}$$

$$=(1+a^2+b^2+c^2)\begin{vmatrix}1 & 0 & 0\\ 2ab-2c & 1+b^2-a^2+c^2-2abc & 2ab^2+2a\\ 2ac+2b & -2ac^2-2a & 1+c^2-a^2+b^2+2abc\end{vmatrix}$$

$$=(1+a^2+b^2+c^2)[(1+b^2+c^2-a^2)^2-4a^2b^2c^2+4(a+ab^2)(a+ac^2)]$$

$$=(1+a^2+b^2+c^2)[(1+b^2+c^2-a^2)^2-4a^2b^2c^2+4a^2(1+b^2c^2+b^2+c^2)]$$

$$=(1+a^2+b^2+c^2)[(1+b^2+c^2-a^2)^2+4a^2+4a^2b^2+4a^2c^2]$$

$$=(1+a^2+b^2+c^2)^3.$$

10.【证明】不妨设 $f\neq 0$，用 f 除以第 3 行，第 3 列，得

$$\frac{D}{f^2}=\begin{vmatrix}0 & a & \frac{b}{f} & c\\ -a & 0 & \frac{d}{f} & e\\ -\frac{b}{f} & -\frac{d}{f} & 0 & 1\\ -c & -e & -1 & 0\end{vmatrix}\xlongequal[r_2-er_3]{r_1-cr_3}\begin{vmatrix}\frac{bc}{f} & a+\frac{dc}{f} & \frac{b}{f} & 0\\ -a+\frac{be}{f} & \frac{de}{f} & \frac{d}{f} & 0\\ -\frac{b}{f} & -\frac{d}{f} & 0 & 1\\ -c & -e & -1 & 0\end{vmatrix}$$

$$\xlongequal[c_2-ec_3]{c_1-cc_3}\begin{vmatrix}0 & a+\frac{dc}{f}-\frac{be}{f} & \frac{b}{f} & 0\\ -a+\frac{be}{f}-\frac{dc}{f} & 0 & \frac{d}{f} & 0\\ -\frac{b}{f} & -\frac{d}{f} & 0 & 1\\ 0 & 0 & -1 & 0\end{vmatrix}$$

$$=-\begin{vmatrix} 0 & a+\dfrac{dc}{f}-\dfrac{be}{f} & \dfrac{b}{f} \\ -a+\dfrac{be}{f}-\dfrac{dc}{f} & 0 & \dfrac{d}{f} \\ 0 & 0 & -1 \end{vmatrix}=\begin{vmatrix} 0 & a+\dfrac{dc}{f}-\dfrac{be}{f} \\ -a+\dfrac{be}{f}-\dfrac{dc}{f} & 0 \end{vmatrix}$$

$$=\left(a+\frac{dc}{f}-\frac{be}{f}\right)\left(a-\frac{be}{f}+\frac{dc}{f}\right)=\left(a-\frac{be}{f}+\frac{dc}{f}\right)^2.$$

即
$$D=f^2\left(a-\frac{be}{f}+\frac{dc}{f}\right)^2\geqslant 0.$$

若 $f=0$，

$$D=\begin{vmatrix} 0 & a & b & c \\ -a & 0 & d & e \\ -b & -d & 0 & 0 \\ -c & -e & 0 & 0 \end{vmatrix}=\begin{vmatrix} b & c \\ d & e \end{vmatrix}\begin{vmatrix} -b & -d \\ -c & -e \end{vmatrix}$$

$$=(be-cd)(be-cd)=(be-cd)^2\geqslant 0.$$

故 D 非负.

11.【解】由等式关系 $\boldsymbol{A\alpha}_1=\boldsymbol{\alpha}_2+\boldsymbol{\alpha}_3,\boldsymbol{A\alpha}_2=\boldsymbol{\alpha}_1+\boldsymbol{\alpha}_3,\boldsymbol{A\alpha}_3=\boldsymbol{\alpha}_1+\boldsymbol{\alpha}_2+\boldsymbol{\alpha}_3$，得

$$\boldsymbol{A}(\boldsymbol{\alpha}_1,\boldsymbol{\alpha}_2,\boldsymbol{\alpha}_3)=(\boldsymbol{A\alpha}_1,\boldsymbol{A\alpha}_2,\boldsymbol{A\alpha}_3)=(\boldsymbol{\alpha}_2+\boldsymbol{\alpha}_3,\boldsymbol{\alpha}_1+\boldsymbol{\alpha}_3,\boldsymbol{\alpha}_1+\boldsymbol{\alpha}_2+\boldsymbol{\alpha}_3)$$

$$=(\boldsymbol{\alpha}_1,\boldsymbol{\alpha}_2,\boldsymbol{\alpha}_3)\begin{pmatrix} 0 & 1 & 1 \\ 1 & 0 & 1 \\ 1 & 1 & 1 \end{pmatrix},$$

由于 $\boldsymbol{\alpha}_1,\boldsymbol{\alpha}_2,\boldsymbol{\alpha}_3$ 是 3 维线性无关的列向量，

令

$$\boldsymbol{P}=(\boldsymbol{\alpha}_1,\boldsymbol{\alpha}_2,\boldsymbol{\alpha}_3),\boldsymbol{B}=\begin{pmatrix} 0 & 1 & 1 \\ 1 & 0 & 1 \\ 1 & 1 & 1 \end{pmatrix},$$

有 $\boldsymbol{P}^{-1}\boldsymbol{AP}=\boldsymbol{B}$，

故 $\boldsymbol{A}$ 与 $\boldsymbol{B}$ 相似，$|\boldsymbol{A}|=|\boldsymbol{B}|=1$，而 $|\boldsymbol{A}^*|=|\boldsymbol{A}|^2=1$.

12.【解】由题意

$$|\boldsymbol{A}|=\begin{vmatrix} 1 & a & a & \cdots & a \\ c & 1 & & & \\ c & & 1 & & \\ \vdots & & & \ddots & \\ c & & & & 1 \end{vmatrix}\xlongequal[c_1-cc_n]{\substack{c_1-cc_2\\ c_1-cc_3\\ \cdots}}\begin{vmatrix} 1-(n-1)ac & a & a & \cdots & a \\ 0 & 1 & & & \\ 0 & & 1 & & \\ \vdots & & & \ddots & \\ 0 & & & & 1 \end{vmatrix}=1-(n-1)ac,$$

当 $ac\neq\dfrac{1}{n-1}$ 时，该方程组有唯一解，且

$$x_1=\frac{1}{|\boldsymbol{A}|}\begin{vmatrix}1&a&a&\cdots&a\\1&1&&&\\1&&1&&\\\vdots&&&\ddots&\\1&&&&1\end{vmatrix}\xlongequal[\substack{c_1-c_2\\c_1-c_3\\\cdots\\c_1-c_n}]{}\frac{1}{|\boldsymbol{A}|}\begin{vmatrix}1-(n-1)a&a&a&\cdots&a\\0&1&&&\\0&&1&&\\\vdots&&&\ddots&\\0&&&&1\end{vmatrix}=\frac{1-(n-1)a}{1-(n-1)ac},$$

$$x_2=\frac{1}{|\boldsymbol{A}|}\begin{vmatrix}1&a&a&\cdots&1\\c&1&&&1\\c&&1&&1\\\vdots&&&\ddots&\vdots\\c&&&&1\end{vmatrix}\xlongequal{c_1-cc_n}\frac{1}{|\boldsymbol{A}|}\begin{vmatrix}1-c&a&a&\cdots&1\\0&1&&&1\\0&&1&&1\\\vdots&&&\ddots&\vdots\\0&&&&1\end{vmatrix}=\frac{1-c}{1-(n-1)ac}.$$

矩阵——学情测评(A)答案部分

一、选择题

1.【答案】(B)

【解析】$(\boldsymbol{A}+\boldsymbol{A}^{\mathrm{T}})^2=\boldsymbol{A}^2+\boldsymbol{A}\boldsymbol{A}^{\mathrm{T}}+\boldsymbol{A}^{\mathrm{T}}\boldsymbol{A}+(\boldsymbol{A}^{\mathrm{T}})^2$，而 $\boldsymbol{A}^{\mathrm{T}}\boldsymbol{A}$ 不一定等于 $\boldsymbol{A}\boldsymbol{A}^{\mathrm{T}}$.

故选(B).

2.【答案】(D)

【解析】由题意可得 $\boldsymbol{A}\begin{pmatrix}0&1&0\\1&0&0\\0&0&1\end{pmatrix}=\boldsymbol{B}$，$\boldsymbol{B}\begin{pmatrix}1&0&0\\0&1&1\\0&0&1\end{pmatrix}=\boldsymbol{C}$，于是

$$\boldsymbol{A}\begin{pmatrix}0&1&0\\1&0&0\\0&0&1\end{pmatrix}\begin{pmatrix}1&0&0\\0&1&1\\0&0&1\end{pmatrix}=\boldsymbol{A}\begin{pmatrix}0&1&1\\1&0&0\\0&0&1\end{pmatrix}=\boldsymbol{C},$$

所以

$$\boldsymbol{Q}=\begin{pmatrix}0&1&1\\1&0&0\\0&0&1\end{pmatrix}.$$

故选(D).

3.【答案】(D)

【解析】由 $\boldsymbol{AB}=\boldsymbol{O}$，不能保证 $\boldsymbol{BA}=\boldsymbol{O}$，而 $(\boldsymbol{A}+\boldsymbol{B})^2=\boldsymbol{A}^2+\boldsymbol{AB}+\boldsymbol{BA}+\boldsymbol{B}^2\neq\boldsymbol{A}^2+\boldsymbol{B}^2$，故(A)项不正确.

由 $\boldsymbol{B}\neq\boldsymbol{O}$，得不到 $|\boldsymbol{B}|$，例如 $\boldsymbol{B}=\begin{pmatrix}1&1\\1&1\end{pmatrix}$，$|\boldsymbol{B}|=0$；$\boldsymbol{B}=\begin{pmatrix}1&0\\0&1\end{pmatrix}$，$|\boldsymbol{B}|=1\neq0$.

而 $|\boldsymbol{B}^*|=|\boldsymbol{B}|^{n-1}$，因此得不到 $|\boldsymbol{B}^*|$，故(B)、(C) 两项均不正确.

对于(D)，由 $\boldsymbol{AB}=\boldsymbol{O}$，$\boldsymbol{B}\neq\boldsymbol{O}$，得 $\boldsymbol{AX}=\boldsymbol{O}$ 有非零解，得 $|\boldsymbol{A}|=0$，$|\boldsymbol{A}^*|=|\boldsymbol{A}|^{n-1}=0$.

故选(D).

4.【答案】(C)

【解析】由 $\boldsymbol{A}^3=\boldsymbol{O}$ 两边取行列式可得 $|\boldsymbol{A}|=0$.

故选(C).

二、填空题

5.【答案】$\begin{pmatrix}9&9&9\\9&9&9\\9&9&9\end{pmatrix}$

【解析】由 $R(\boldsymbol{A})=1$，得 $\boldsymbol{A}^2=l\boldsymbol{A}$，其中 $l=\sum_{i=1}^{3}a_{ii}=-3$，从而

$$\boldsymbol{A}^4=l^3\boldsymbol{A},\boldsymbol{A}^3=l^2\boldsymbol{A},\boldsymbol{A}^4+2\boldsymbol{A}^3=-27\boldsymbol{A}+18\boldsymbol{A}=-9\boldsymbol{A}=\begin{pmatrix}9&9&9\\9&9&9\\9&9&9\end{pmatrix}.$$

6.【答案】2

【解析】因为 3 阶矩阵 $\boldsymbol{A}$ 的特征值为 1,2,3，所以 $\boldsymbol{B}=\boldsymbol{A}^3-\boldsymbol{A}^2$ 的特征值为 0,4,18，所以 $\boldsymbol{B}$ 相似于对角阵 $\begin{pmatrix}0&&\\&4&\\&&18\end{pmatrix}$，从而 $R(\boldsymbol{B})=R\begin{pmatrix}0&&\\&4&\\&&18\end{pmatrix}=2$.

7.【答案】$\begin{pmatrix}5&-2&-1\\-2&2&0\\-1&0&1\end{pmatrix}$

【解析】因为 $|\boldsymbol{A}^{-1}|=\begin{vmatrix}1&1&1\\1&2&1\\1&1&3\end{vmatrix}=\begin{vmatrix}1&1&1\\0&1&0\\0&0&2\end{vmatrix}=2$ 且

$$(\boldsymbol{A}^{-1}\vdots\boldsymbol{E})=\left(\begin{array}{ccc:ccc}1&1&1&1&0&0\\1&2&1&0&1&0\\1&1&3&0&0&1\end{array}\right)\xrightarrow{r}\left(\begin{array}{ccc:ccc}1&0&0&\frac{5}{2}&-1&-\frac{1}{2}\\0&1&0&-1&1&0\\0&0&1&-\frac{1}{2}&0&\frac{1}{2}\end{array}\right),$$

所以 $\boldsymbol{A}=\begin{pmatrix}\frac{5}{2}&-1&-\frac{1}{2}\\-1&1&0\\-\frac{1}{2}&0&\frac{1}{2}\end{pmatrix}$，从而

$$(\boldsymbol{A}^*)^{-1}=(|\boldsymbol{A}|\boldsymbol{A}^{-1})^{-1}=|\boldsymbol{A}|^{-1}\boldsymbol{A}=2\boldsymbol{A}=\begin{pmatrix}5&-2&-1\\-2&2&0\\-1&0&1\end{pmatrix}.$$

8.【答案】$\begin{pmatrix}1 & 1 & 1\\ -1 & -1 & -1\\ 1 & 1 & 1\end{pmatrix}$

【解析】因为 $\boldsymbol{P}$ 可逆，所以由 $\boldsymbol{PA}=\boldsymbol{\alpha\beta}^{\mathrm{T}}\boldsymbol{P}$ 可得 $\boldsymbol{A}=\boldsymbol{P}^{-1}\boldsymbol{\alpha\beta}^{\mathrm{T}}\boldsymbol{P}$，从而

$$\boldsymbol{A}^{2021}=\boldsymbol{P}^{-1}(\boldsymbol{\alpha\beta}^{\mathrm{T}})^{2021}\boldsymbol{P}=\boldsymbol{P}^{-1}(\boldsymbol{\beta}^{\mathrm{T}}\boldsymbol{\alpha})^{2020}(\boldsymbol{\alpha\beta}^{\mathrm{T}})\boldsymbol{P}=\boldsymbol{P}^{-1}(\boldsymbol{\alpha\beta}^{\mathrm{T}})\boldsymbol{P}$$

$$=\begin{pmatrix}1 & 0 & 0\\ -1 & 1 & 0\\ 0 & 0 & 1\end{pmatrix}\begin{pmatrix}0 & 1 & 1\\ 0 & 0 & 0\\ 0 & 1 & 1\end{pmatrix}\begin{pmatrix}1 & 0 & 0\\ 1 & 1 & 0\\ 0 & 0 & 1\end{pmatrix}=\begin{pmatrix}1 & 1 & 1\\ -1 & -1 & -1\\ 1 & 1 & 1\end{pmatrix}.$$

三、解答题

9.【证明】$(\boldsymbol{A}+\boldsymbol{E})^{m}=\boldsymbol{O}$，即 $\boldsymbol{A}+\mathrm{C}_m^1\boldsymbol{A}^{m-1}+\mathrm{C}_m^2\boldsymbol{A}^{m-2}+\cdots+\mathrm{C}_m^{m-1}\boldsymbol{A}+\boldsymbol{E}=\boldsymbol{O}$，那么

$$\boldsymbol{A}(-\boldsymbol{A}^{m-1}-\mathrm{C}_m^1\boldsymbol{A}^{m-2}+\cdots+\mathrm{C}_m^{m-1}\boldsymbol{E})=\boldsymbol{E}.$$

从而由可逆矩阵的定义可知 $\boldsymbol{A}$ 可逆.

10.【证明】(1)$\boldsymbol{A}^{\mathrm{T}}=[\boldsymbol{E}-\boldsymbol{B}^{\mathrm{T}}(\boldsymbol{BB}^{\mathrm{T}})^{-1}\boldsymbol{B}]^{\mathrm{T}}=\boldsymbol{E}^{\mathrm{T}}-\boldsymbol{B}^{\mathrm{T}}[(\boldsymbol{BB}^{\mathrm{T}})^{-1}]^{\mathrm{T}}(\boldsymbol{B}^{\mathrm{T}})^{\mathrm{T}}$

$$=\boldsymbol{E}-\boldsymbol{B}^{\mathrm{T}}[(\boldsymbol{BB}^{\mathrm{T}})^{\mathrm{T}}]^{-1}\boldsymbol{B}=\boldsymbol{E}-\boldsymbol{B}^{\mathrm{T}}(\boldsymbol{BB}^{\mathrm{T}})^{-1}\boldsymbol{B}=\boldsymbol{A}.$$

(2)$\boldsymbol{A}^{2}=[\boldsymbol{E}-\boldsymbol{B}^{\mathrm{T}}(\boldsymbol{BB}^{\mathrm{T}})^{-1}\boldsymbol{B}][\boldsymbol{E}-\boldsymbol{B}^{\mathrm{T}}(\boldsymbol{BB}^{\mathrm{T}})^{-1}\boldsymbol{B}]$

$=\boldsymbol{E}-2\boldsymbol{B}^{\mathrm{T}}(\boldsymbol{BB}^{\mathrm{T}})^{-1}\boldsymbol{B}+\boldsymbol{B}^{\mathrm{T}}(\boldsymbol{BB}^{\mathrm{T}})^{-1}\boldsymbol{BB}^{\mathrm{T}}(\boldsymbol{BB}^{\mathrm{T}})^{-1}\boldsymbol{B}$

$=\boldsymbol{E}-2\boldsymbol{B}^{\mathrm{T}}(\boldsymbol{BB}^{\mathrm{T}})^{-1}\boldsymbol{B}+\boldsymbol{B}^{\mathrm{T}}(\boldsymbol{BB}^{\mathrm{T}})^{-1}\boldsymbol{B}$

$=\boldsymbol{E}-\boldsymbol{B}^{\mathrm{T}}(\boldsymbol{BB}^{\mathrm{T}})^{-1}\boldsymbol{B}=\boldsymbol{A}.$

11.【解】(1) 由题意知，

$$\boldsymbol{PQ}=\begin{pmatrix}\boldsymbol{A} & \boldsymbol{O}\\ \boldsymbol{O} & \boldsymbol{B}\end{pmatrix}\begin{pmatrix}|\boldsymbol{B}|\boldsymbol{A}^{*} & \boldsymbol{O}\\ \boldsymbol{O} & |\boldsymbol{A}|\boldsymbol{B}^{*}\end{pmatrix}=\begin{pmatrix}|\boldsymbol{B}|\boldsymbol{AA}^{*} & \boldsymbol{O}\\ \boldsymbol{O} & |\boldsymbol{A}|\boldsymbol{BB}^{*}\end{pmatrix}$$

$$=\begin{pmatrix}|\boldsymbol{B}||\boldsymbol{A}|\boldsymbol{E}_n & \\ & |\boldsymbol{A}||\boldsymbol{B}|\boldsymbol{E}_n\end{pmatrix}=|\boldsymbol{A}||\boldsymbol{B}|\boldsymbol{E}_{2n}.$$

(2) 由题意知

$$|\boldsymbol{P}|=\begin{vmatrix}\boldsymbol{A} & \boldsymbol{O}\\ \boldsymbol{O} & \boldsymbol{B}\end{vmatrix}=|\boldsymbol{A}||\boldsymbol{B}|,$$

$$|\boldsymbol{Q}|=\begin{vmatrix}|\boldsymbol{B}|\boldsymbol{A}^{*} & \boldsymbol{O}\\ \boldsymbol{O} & |\boldsymbol{A}|\boldsymbol{B}^{*}\end{vmatrix}=|\boldsymbol{B}|^{n}|\boldsymbol{A}|^{n-1}|\boldsymbol{A}|^{n}|\boldsymbol{B}|^{n-1}=|\boldsymbol{A}|^{2n-1}|\boldsymbol{B}|^{2n-1}.$$

当 $\boldsymbol{P}$ 可逆时，$|\boldsymbol{A}|\neq 0$ 且 $|\boldsymbol{B}|\neq 0$，所以 $|\boldsymbol{PQ}|\neq 0$，从而 $\boldsymbol{PQ}$ 可逆.

12.【解】(1) $|\lambda\boldsymbol{E}-\boldsymbol{A}|=\begin{vmatrix}\lambda & 0 & -1\\ -a+1 & \lambda-1 & -a-1\\ -1 & 0 & \lambda\end{vmatrix}=(\lambda-1)^{2}(\lambda+1)=0,$

解得 $\boldsymbol{A}$ 的特征值为 1,1,－1.

当 $\lambda=1$ 时，$\lambda\boldsymbol{E}-\boldsymbol{A}=\begin{pmatrix}1 & 0 & -1\\ -a+1 & 0 & -a-1\\ -1 & 0 & 1\end{pmatrix}\xrightarrow{r}\begin{pmatrix}1 & 0 & -1\\ 0 & 0 & -2a\\ 0 & 0 & 0\end{pmatrix}.$

因为 $\boldsymbol{A}$ 有 3 个线性无关的特征向量，所以 $3-R(\lambda\boldsymbol{E}-\boldsymbol{A})=2$，从而 $a=0$.

(2) 已知 $\boldsymbol{A}=\begin{pmatrix}0&0&1\\-1&1&1\\1&0&0\end{pmatrix}$，设

$$(\boldsymbol{A}\vdots\boldsymbol{B})=\left(\begin{array}{ccc:ccc}0&0&1&1&0&0\\-1&1&1&0&1&0\\1&0&0&-1&0&-1\end{array}\right)\xrightarrow{c}\left(\begin{array}{ccc:ccc}1&0&0&-1&0&-1\\0&1&0&-2&1&-1\\0&0&1&1&0&0\end{array}\right),$$

所以 $\boldsymbol{Q}=\begin{pmatrix}-1&0&-1\\-2&1&-1\\1&0&0\end{pmatrix}$.

矩阵——学情测评(B)答案部分

一、选择题

1.【答案】(C)

【解析】因为 $\boldsymbol{A}$ 是非零矩阵，所以 $R(\boldsymbol{A})\geqslant 1$，又 $\boldsymbol{A}\boldsymbol{B}^{\mathrm{T}}=\boldsymbol{O}$，故 $R(\boldsymbol{A})+R(\boldsymbol{B})\leqslant 3$，从而可得 $R(\boldsymbol{B})\leqslant 2$. 又 $\boldsymbol{B}$ 有一个二阶非零子式 $\begin{vmatrix}1&2\\3&5\end{vmatrix}=-1$，故 $R(\boldsymbol{B})\geqslant 2$，联立可得 $R(\boldsymbol{B})=2$，所以 $R(\boldsymbol{A})=1$.

故选(C).

2.【答案】(C)

【解析】因为 $\boldsymbol{A}$ 与 $\boldsymbol{B}$ 等价，所以存在 n 阶可逆阵 $\boldsymbol{P},\boldsymbol{Q}$，使得 $\boldsymbol{PAQ}=\boldsymbol{B}$ 且 $R(\boldsymbol{A})=R(\boldsymbol{B})$，从而可得 $\boldsymbol{A}$ 与 $\boldsymbol{B}$ 必有同阶不为零的子式，$\boldsymbol{A}$ 与 $\boldsymbol{B}$ 必同时为可逆矩阵或不可逆矩阵，故(3)、(4) 正确.

故选(C).

3.【答案】(C)

【解析】由题意可得 $\boldsymbol{A}$ 的 n 个列向量构成向量组的秩也为 m，从而 $\boldsymbol{A}$ 存在 m 个列向量都线性无关，故(A) 项不正确；

由 $R(\boldsymbol{A})=m$，可得 $\boldsymbol{A}$ 存在一个 m 阶子式不等于零，故(B) 项不正确；

因为 $m\leqslant R(\boldsymbol{A})\leqslant R(\boldsymbol{A},\boldsymbol{b})_{m\times(n+1)}\leqslant m$，所以 $R(\boldsymbol{A})=R(\boldsymbol{A},\boldsymbol{b})=m<n$，从而非齐次线性方程组 $\boldsymbol{Ax}=\boldsymbol{b}$ 一定有无穷多个解.

故选(C).

4.【答案】(B)

【解析】因为 $\boldsymbol{P}_1^3=\begin{pmatrix}0&1&0\\1&0&0\\0&0&1\end{pmatrix}$，$\boldsymbol{P}_2^5=\begin{pmatrix}0&0&1\\0&1&0\\1&0&0\end{pmatrix}$，$\boldsymbol{P}_1^3\boldsymbol{A}\boldsymbol{P}_2^5=\begin{pmatrix}a_{23}&a_{22}&a_{21}\\a_{13}&a_{12}&a_{11}\\a_{33}&a_{32}&a_{31}\end{pmatrix}$，

故选(B).

二、填空题

5.【答案】2

【解析】由 $(k\boldsymbol{A})^{-1}=\frac{1}{k}\boldsymbol{A}^{-1}$，$\boldsymbol{A}^{*}=|\boldsymbol{A}|\boldsymbol{A}^{-1}$，$|\boldsymbol{A}^{-1}|=\frac{1}{|\boldsymbol{A}|}$，有

$$\left|\boldsymbol{A}^{*}-\left(\frac{1}{2}\boldsymbol{A}\right)^{-1}\right|=|\boldsymbol{A}^{*}-2\boldsymbol{A}^{-1}|=8|\boldsymbol{A}^{-1}|=8\times\frac{1}{4}=2.$$

6.【答案】$-\frac{3}{10}\begin{pmatrix}-10&10&0\\10&0&0\\-1&1&6\end{pmatrix}$

【解析】由题意知 $|\boldsymbol{A}|=\begin{vmatrix}1&2&0\\2&3&0\\1&2&3\end{vmatrix}=-3$，故 $\boldsymbol{A}$ 与 $\boldsymbol{A}^{*}$ 均可逆，等式

$$(\boldsymbol{A}^{*})^{-1}\boldsymbol{B}=\boldsymbol{ABA}+2\boldsymbol{A}^{2}$$

两边左乘 $\boldsymbol{A}^{*}$ 整理可得

$$\boldsymbol{B}=-3\boldsymbol{BA}-6\boldsymbol{A}.$$

上式可解得

$$\boldsymbol{B}=-6\boldsymbol{A}(\boldsymbol{E}+3\boldsymbol{A})^{-1}=-6[(\boldsymbol{E}+3\boldsymbol{A})\boldsymbol{A}^{-1}]^{-1}=-6(\boldsymbol{A}^{-1}+3\boldsymbol{E})^{-1}$$

$$=-6\left[\begin{pmatrix}-3&2&0\\2&-1&0\\-\frac{1}{3}&0&\frac{1}{3}\end{pmatrix}+\begin{pmatrix}3&0&0\\0&3&0\\0&0&3\end{pmatrix}\right]^{-1}=-\frac{3}{10}\begin{pmatrix}-10&10&0\\10&0&0\\-1&1&6\end{pmatrix}.$$

7.【答案】$-\frac{3\boldsymbol{A}+6\boldsymbol{E}}{13}$

【解析】由 $(\boldsymbol{A}-\boldsymbol{E})^{3}=(\boldsymbol{A}+\boldsymbol{E})^{3}$ 化简可得

$$3\boldsymbol{A}^{2}+\boldsymbol{E}=\boldsymbol{O},$$

因为整式多项式

$$f(x)=3x^{2}+1=(x-2)(3x+6)+13,$$

则可得矩阵多项式

$$f(\boldsymbol{A})=3\boldsymbol{A}^{2}+\boldsymbol{E}=(\boldsymbol{A}-2\boldsymbol{E})(3\boldsymbol{A}+6\boldsymbol{E})+13\boldsymbol{E},$$

从而可得

$$(\boldsymbol{A}-2\boldsymbol{E})\frac{-3\boldsymbol{A}-6\boldsymbol{E}}{13}=\boldsymbol{E},$$

于是

$$(\boldsymbol{A}-2\boldsymbol{E})^{-1}=-\frac{3\boldsymbol{A}+6\boldsymbol{E}}{13}.$$

8.【答案】1

【解析】由题意知 $\boldsymbol{A}$ 有一个 2 阶子式 $\begin{vmatrix}1&1\\4&2\end{vmatrix}=-2\neq0$，从而 $R(\boldsymbol{A})\geqslant2$. 又 $\boldsymbol{BA}=\boldsymbol{O}$，可得

$\boldsymbol{R}(\boldsymbol{A}+\boldsymbol{B})\leqslant 3$，故 $R(\boldsymbol{B})\leqslant 1$. 而 $\boldsymbol{B}\neq\boldsymbol{O}$ 可得 $R(\boldsymbol{B})\geqslant 1$，于是联立可得 $R(\boldsymbol{B})=1$.

三、解答题

9.【解】将 $\boldsymbol{B}$ 按列分块有 $\boldsymbol{B}=(\boldsymbol{X}_1,\boldsymbol{X}_2)$，因为 $\boldsymbol{AB}=\boldsymbol{O}$，所以利用分块矩阵的乘法可得 $\boldsymbol{AX}_1=\boldsymbol{0},\boldsymbol{AX}_2=\boldsymbol{0}$. 又 $R(\boldsymbol{B})=2$，可以得到 $\boldsymbol{X}_1,\boldsymbol{X}_2$ 是线性方程组 $\boldsymbol{Ax}=\boldsymbol{0}$ 的两个线性无关的解向量，又对矩阵 $\boldsymbol{A}$ 施行初等行变换可化为行最简形

$$\boldsymbol{A}=\begin{pmatrix}2&-2&1&3\\9&-5&2&8\end{pmatrix}\xrightarrow{r}\begin{pmatrix}1&0&-\frac{1}{8}&\frac{1}{8}\\0&1&-\frac{5}{8}&-\frac{11}{8}\end{pmatrix}.$$

取自由变量分别为 $x_3=1,x_4=0;x_3=0,x_4=1$，可得基础解系

$$\boldsymbol{\eta}_1=\begin{pmatrix}\frac{1}{8}\\\frac{5}{8}\\1\\0\end{pmatrix},\boldsymbol{\eta}_2=\begin{pmatrix}-\frac{1}{8}\\\frac{11}{8}\\0\\1\end{pmatrix}.$$

故可取 $\boldsymbol{B}=\begin{pmatrix}1&-1\\5&11\\8&0\\0&8\end{pmatrix}$.

10.【证明】(1) 由题意可得 $(\boldsymbol{A\alpha})^{\mathrm{T}}\boldsymbol{\alpha}=\boldsymbol{\alpha}^{\mathrm{T}}\boldsymbol{A}^{\mathrm{T}}\boldsymbol{\alpha}=-\boldsymbol{\alpha}^{\mathrm{T}}\boldsymbol{A\alpha}$，又 $(\boldsymbol{A\alpha})^{\mathrm{T}}\boldsymbol{\alpha}=\boldsymbol{\alpha}^{\mathrm{T}}(\boldsymbol{A\alpha})$，从而 $(\boldsymbol{A\alpha})^{\mathrm{T}}\boldsymbol{\alpha}=0$，即 $\boldsymbol{\alpha}$ 与 $\boldsymbol{A\alpha}$ 正交.

(2) $|\lambda\boldsymbol{E}-\boldsymbol{A}|=|\lambda\boldsymbol{E}+\boldsymbol{A}^{\mathrm{T}}|=|\lambda\boldsymbol{E}^{\mathrm{T}}+\boldsymbol{A}^{\mathrm{T}}|=|(\lambda\boldsymbol{E}+\boldsymbol{A})^{\mathrm{T}}|=|\lambda\boldsymbol{E}+\boldsymbol{A}|=|\lambda\boldsymbol{E}-(-\boldsymbol{A})|$，即 $\boldsymbol{A}$ 与 $-\boldsymbol{A}$ 的特征值相同，又利用特征值性质可得 $\boldsymbol{A}$ 与 $-\boldsymbol{A}$ 的特征值互为相反数，从而 $\boldsymbol{A}$ 与 $-\boldsymbol{A}$ 的特征值全是 0，于是利用特征值性质可得 $|\boldsymbol{A}+\boldsymbol{E}|\neq 0$ 且 $|\boldsymbol{A}-\boldsymbol{E}|\neq 0$，即 $\boldsymbol{A}+\boldsymbol{E}$ 与 $\boldsymbol{A}-\boldsymbol{E}$ 都可逆.

(3) 因为 $[(\boldsymbol{A}-\boldsymbol{E})(\boldsymbol{A}+\boldsymbol{E})^{-1}]^{\mathrm{T}}[(\boldsymbol{A}-\boldsymbol{E})(\boldsymbol{A}+\boldsymbol{E})^{-1}]$

$$\begin{aligned}&=(\boldsymbol{A}^{\mathrm{T}}+\boldsymbol{E})^{-1}(\boldsymbol{A}^{\mathrm{T}}-\boldsymbol{E})(\boldsymbol{A}-\boldsymbol{E})(\boldsymbol{A}+\boldsymbol{E})^{-1}\\&=(-\boldsymbol{A}+\boldsymbol{E})^{-1}(-\boldsymbol{A}-\boldsymbol{E})(\boldsymbol{A}-\boldsymbol{E})(\boldsymbol{A}+\boldsymbol{E})^{-1}\\&=(\boldsymbol{A}-\boldsymbol{E})^{-1}(\boldsymbol{A}+\boldsymbol{E})(\boldsymbol{A}-\boldsymbol{E})(\boldsymbol{A}+\boldsymbol{E})^{-1}\\&=(\boldsymbol{A}-\boldsymbol{E})^{-1}(\boldsymbol{A}^2-\boldsymbol{E})(\boldsymbol{A}+\boldsymbol{E})^{-1}\\&=(\boldsymbol{A}-\boldsymbol{E})^{-1}(\boldsymbol{A}-\boldsymbol{E})(\boldsymbol{A}+\boldsymbol{E})(\boldsymbol{A}+\boldsymbol{E})^{-1}\\&=\boldsymbol{E},\end{aligned}$$

故 $(\boldsymbol{A}-\boldsymbol{E})(\boldsymbol{A}+\boldsymbol{E})^{-1}$ 是正交矩阵.

11.【解】(1) 由 $\boldsymbol{A}$ 与 $\boldsymbol{B}$ 相似，可得 $\mathrm{tr}(\boldsymbol{A})=\mathrm{tr}(\boldsymbol{B})$ 且 $|\boldsymbol{A}|=|\boldsymbol{B}|$，也即

$$a+0+1=1+2-1 \text{ 且 } b=-2,$$

可以得到 $a=1,b=-2$.

(2) 由(1) 知 $\boldsymbol{A}=\begin{pmatrix}1&-2&2\\-1&0&-1\\0&0&1\end{pmatrix}$，$\boldsymbol{B}=\begin{pmatrix}1&0&2\\0&2&0\\0&4&-1\end{pmatrix}$. 又

$$|\lambda\boldsymbol{E}-\boldsymbol{A}|=\begin{vmatrix}\lambda-1&2&-2\\1&\lambda&1\\0&0&\lambda-1\end{vmatrix}=(\lambda-1)(\lambda+1)(\lambda-2)=0,$$

可得 $\boldsymbol{A}$ 与 $\boldsymbol{B}$ 的特征值均是 $-1,1,2$.

当 $\lambda=-1$ 时，由 $(-\boldsymbol{E}-\boldsymbol{A})\boldsymbol{x}=\boldsymbol{0}$，可得 $\boldsymbol{A}$ 的属于特征值 -1 的线性无关特征向量 $\boldsymbol{\alpha}_1=(1,1,0)^{\mathrm{T}}$；由 $(-\boldsymbol{E}-\boldsymbol{B})\boldsymbol{x}=\boldsymbol{0}$，可得 $\boldsymbol{B}$ 的属于特征值 -1 的线性无关特征向量 $\boldsymbol{\beta}_1=(-1,0,1)^{\mathrm{T}}$.

当 $\lambda=1$ 时，由 $(\boldsymbol{E}-\boldsymbol{A})\boldsymbol{x}=\boldsymbol{0}$，可得 $\boldsymbol{A}$ 的属于特征值 1 的线性无关特征向量 $\boldsymbol{\alpha}_2=(-2,1,1)^{\mathrm{T}}$；由 $(\boldsymbol{E}-\boldsymbol{B})\boldsymbol{x}=\boldsymbol{0}$，可得 $\boldsymbol{B}$ 的属于特征值 1 的线性无关特征向量 $\boldsymbol{\beta}_2=(1,0,0)^{\mathrm{T}}$.

当 $\lambda=2$ 时，由 $(2\boldsymbol{E}-\boldsymbol{A})\boldsymbol{x}=\boldsymbol{0}$，可得 $\boldsymbol{A}$ 的属于特征值 2 的线性无关特征向量 $\boldsymbol{\alpha}_3=(-2,1,0)^{\mathrm{T}}$；由 $(2\boldsymbol{E}-\boldsymbol{B})\boldsymbol{x}=\boldsymbol{0}$，可得 $\boldsymbol{B}$ 的属于特征值 3 的线性无关特征向量 $\boldsymbol{\beta}_3=(8,3,4)^{\mathrm{T}}$.

故令 $\boldsymbol{P}_1=\begin{pmatrix}1&-2&-2\\1&1&1\\0&1&0\end{pmatrix}$，$\boldsymbol{P}_2=\begin{pmatrix}-1&1&8\\0&0&3\\1&0&4\end{pmatrix}$，$\boldsymbol{\Lambda}=\begin{pmatrix}-1&&\\&1&\\&&2\end{pmatrix}$，有

$$\boldsymbol{P}_1^{-1}\boldsymbol{A}\boldsymbol{P}_1=\boldsymbol{\Lambda}=\boldsymbol{P}_2^{-1}\boldsymbol{B}\boldsymbol{P}_2,$$

从而有

$$(\boldsymbol{P}_1\boldsymbol{P}_2^{-1})^{-1}\boldsymbol{A}\boldsymbol{P}_1\boldsymbol{P}_2^{-1}=\boldsymbol{B},$$

可以令

$$\boldsymbol{P}=\boldsymbol{P}_1\boldsymbol{P}_2^{-1}=\begin{pmatrix}1&-2&-2\\1&1&1\\0&1&0\end{pmatrix}\begin{pmatrix}-1&1&8\\0&0&3\\1&0&4\end{pmatrix}^{-1}$$

$$=\begin{pmatrix}1&-2&-2\\1&1&1\\0&1&0\end{pmatrix}\begin{pmatrix}0&-\frac{4}{3}&1\\1&-4&1\\0&\frac{1}{3}&0\end{pmatrix}=\begin{pmatrix}-2&6&-1\\1&-5&2\\1&-4&1\end{pmatrix}.$$

(3) 因为 $\begin{pmatrix}1\\1\\1\end{pmatrix}=\begin{pmatrix}1\\1\\0\end{pmatrix}+\begin{pmatrix}-2\\1\\1\end{pmatrix}-\begin{pmatrix}-2\\1\\0\end{pmatrix}$，故

$$\boldsymbol{A}^n\begin{pmatrix}1\\1\\1\end{pmatrix}=\boldsymbol{A}^n\begin{pmatrix}1\\1\\0\end{pmatrix}+\boldsymbol{A}^n\begin{pmatrix}-2\\1\\1\end{pmatrix}-\boldsymbol{A}^n\begin{pmatrix}-2\\1\\0\end{pmatrix}=(-1)^n\begin{pmatrix}1\\1\\0\end{pmatrix}+1^n\begin{pmatrix}-2\\1\\1\end{pmatrix}-2^n\begin{pmatrix}-2\\1\\0\end{pmatrix}$$

$$=\begin{pmatrix}(-1)^n-2+2^{n+1}\\(-1)^n+1-2^n\\1\end{pmatrix},$$

$$B^n = P_2 \Lambda^n P_2^{-1} = \begin{pmatrix} 1 & (-1)^n \cdot \frac{4}{3} - 4 + 2^n \cdot \frac{8}{3} & 1-(-1)^n \\ 0 & 2^n & 0 \\ 0 & -(-1)^n \cdot \frac{4}{3} + 2^n \cdot \frac{4}{3} & (-1)^n \end{pmatrix}.$$

12.【解】(1) 由 $|A| = \begin{vmatrix} 2 & 0 & 1 \\ 0 & 2 & 0 \\ 3 & 0 & 2 \end{vmatrix} = 2 \neq 0$,可得 A 可逆,且 A^* 可逆.

由 $A^* B (A^*)^{-1} = 6A + 2BA$ 两边左乘 A,右乘 A^* 整理可得

$$(E - 2A)B = 6A,$$

而 $|E - 2A| = \begin{vmatrix} -3 & 0 & -2 \\ 0 & -3 & 0 \\ -6 & 0 & -3 \end{vmatrix} = 9 \neq 0$,所以

$$B = 6(E - 2A)^{-1}A.$$

又 $(E - 2A \vdots A) = \left(\begin{array}{ccc:ccc} -3 & 0 & -2 & 2 & 0 & 1 \\ 0 & -3 & 0 & 0 & 2 & 0 \\ -6 & 0 & -3 & 3 & 0 & 2 \end{array}\right) \xrightarrow{r} \left(\begin{array}{ccc:ccc} 1 & 0 & 0 & 0 & 0 & -\frac{1}{3} \\ 0 & 1 & 0 & 0 & -\frac{2}{3} & 0 \\ 0 & 0 & 1 & -1 & 0 & 0 \end{array}\right)$,所以

$$(E - 2A)^{-1}A = \begin{pmatrix} 0 & 0 & -\frac{1}{3} \\ 0 & -\frac{2}{3} & 0 \\ -1 & 0 & 0 \end{pmatrix},$$

从而

$$B = \begin{pmatrix} 0 & 0 & -2 \\ 0 & -4 & 0 \\ -6 & 0 & 0 \end{pmatrix}.$$

(2) **方法一**:$A = \begin{pmatrix} 2 & 0 & 1 \\ 0 & 2 & 0 \\ 3 & 0 & 2 \end{pmatrix} \xrightarrow{c_1 - 2c_3} \begin{pmatrix} 0 & 0 & 1 \\ 0 & -2 & 0 \\ -1 & 0 & 2 \end{pmatrix} \xrightarrow{c_3 + 2c_1} \begin{pmatrix} 0 & 0 & 1 \\ 0 & 2 & 0 \\ -1 & 0 & 0 \end{pmatrix}$

$$\longrightarrow \begin{pmatrix} 0 & 0 & -2 \\ 0 & -4 & 0 \\ -6 & 0 & 0 \end{pmatrix},$$

利用初等变换与初等矩阵的关系,可令

$$P = \begin{pmatrix} -2 & 0 & 0 \\ 0 & -2 & 0 \\ 0 & 0 & 6 \end{pmatrix}, Q = \begin{pmatrix} 1 & 0 & 2 \\ 0 & 1 & 0 \\ -2 & 0 & -3 \end{pmatrix},$$

使得

$$PAQ = B.$$

方法二:可令 $P = E$,从而 $PAQ = AQ = B$,只用求 Q. 因为

$$(A \vdots B) = \left(\begin{array}{ccc:ccc} 2 & 0 & 1 & 0 & 0 & -2 \\ 0 & 2 & 0 & 0 & -4 & 0 \\ 3 & 0 & 2 & -6 & 0 & 0 \end{array}\right) \xrightarrow{r} \left(\begin{array}{ccc:ccc} 1 & 0 & 0 & 6 & 0 & -4 \\ 0 & 1 & 0 & 0 & -2 & 0 \\ 0 & 0 & 1 & -12 & 0 & 6 \end{array}\right),$$

于是可以令

$$Q = \begin{pmatrix} 6 & 0 & -4 \\ 0 & -2 & 0 \\ -12 & 0 & 6 \end{pmatrix}.$$